初學就上手！

自然・可愛の短指甲凝膠彩繪 DIY

美甲保養＋指彩設計一本OK！

virth +LIM

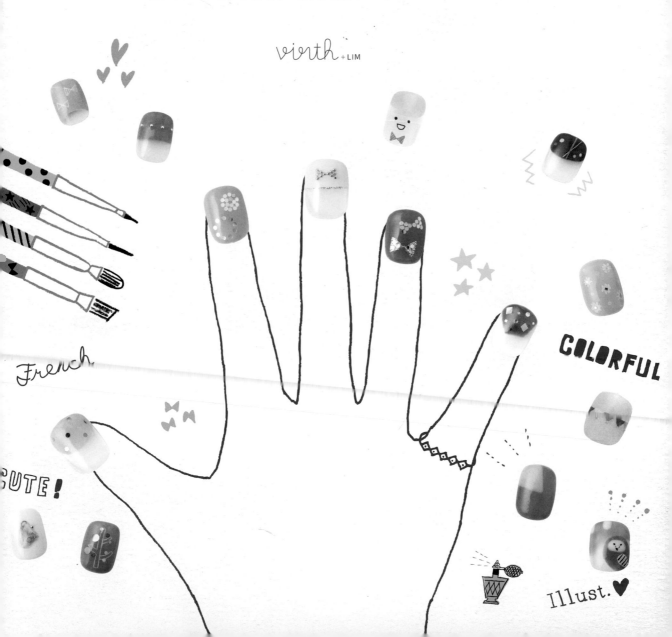

French

COLORFUL

CUTE！

Illust.♥

Our nails need something...

Where do I need to go ?

Let's go find it.

2

Do we try ?

Because there is a tool for the nail here.

Now, we might change ourselves!

I'm having fun...

Doki...Doki...

which color shall I use ?

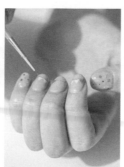

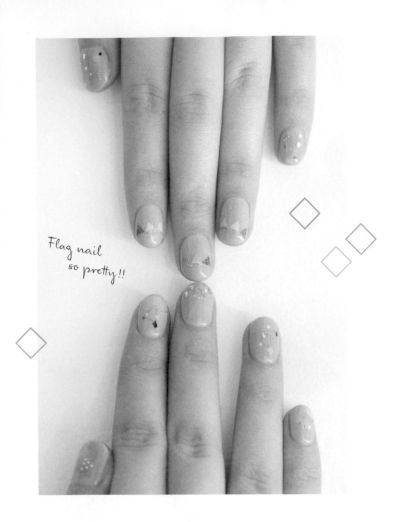

Flag nail
so pretty !!

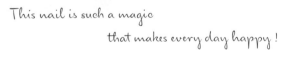

This nail is such a magic
that makes every day happy !

Swan nail
so cute!!

So good!!

Contents

＊本書所使用的凝膠為TAKARA BELMONT Corp的Bio Sculpture Gel。
　雖無販售一般用款，但使用市售的凝膠也能享受同樣的彩繪樂趣。

Message

作了與平常不同的指彩時，肯定會有種想主動與誰分享的衝動。
「妳的指甲～好可愛喔♪」當某人不由自主地發出這樣的讚美聲，
就能為平淡的日常帶來一份小小的愉悅＆短暫的邂逅。

內心秉持著「若能透過指彩來維繫人與人之間關係」的信念，
virth＋LIM於焉誕生！
本次是以推出獨家配方的心情，
在書中與你分享我平時從事沙龍工作時，稍稍涉獵美甲彩繪的祕訣。

若能藉此與正在閱讀本書的你產生連動，
我們將深感榮幸。

virth +LIM

Chapter **1**
凝膠指甲的基礎技巧

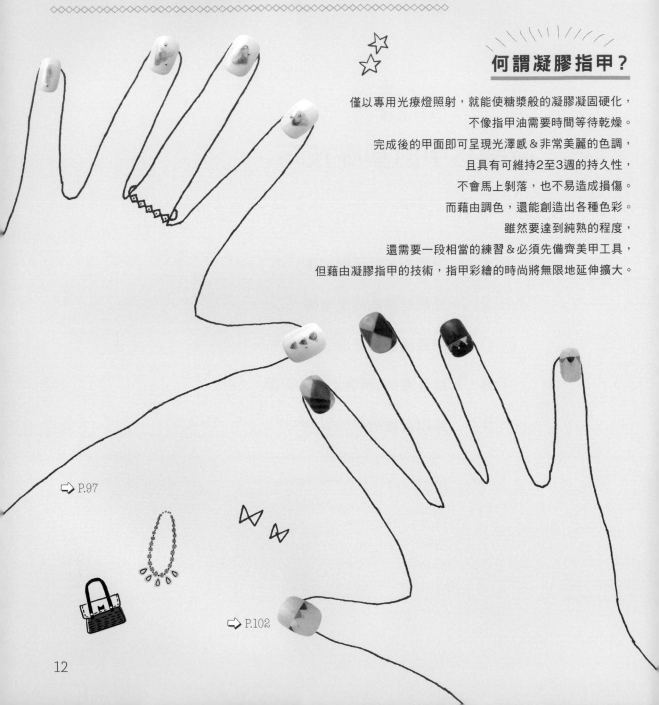

Lesson 1 凝膠指甲的基礎知識

何謂凝膠指甲?

僅以專用光療燈照射,就能使糖漿般的凝膠凝固硬化,
不像指甲油需要時間等待乾燥。
完成後的甲面即可呈現光澤感&非常美麗的色調,
且具有可維持2至3週的持久性,
不會馬上剝落,也不易造成損傷。
而藉由調色,還能創造出各種色彩。
雖然要達到純熟的程度,
還需要一段相當的練習&必須先備齊美甲工具,
但藉由凝膠指甲的技術,指甲彩繪的時尚將無限地延伸擴大。

⇨ P.97

⇨ P.102

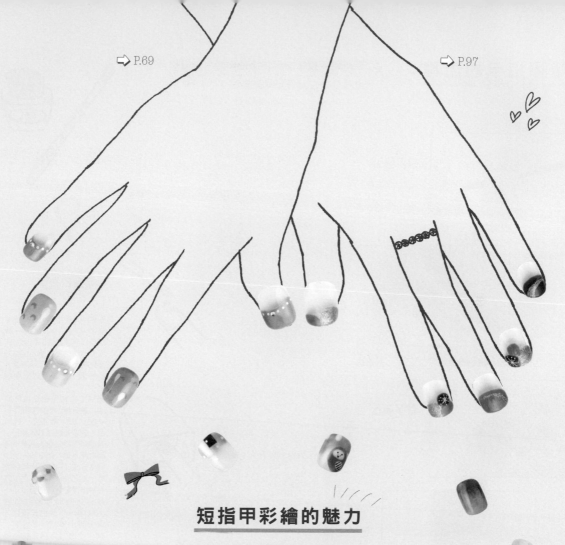

⇨ P.69
⇨ P.97

短指甲彩繪的魅力

想要美甲一定得要先將指甲留長嗎？

推薦你休閒隨性的日常美甲＆流行時尚的特殊美甲皆宜的——

短指甲彩繪！

以壓克力顏料來彩繪動物、將全部的指甲彩繪上不同的設計、

隨興所至亂塗一通、寫上訊息……都OK。

不必再拘泥於以前的想法，在這片小小的畫布上盡情揮灑喜愛的設計，

這就是短指甲彩繪。一起開始享受創作吧！

13

凝膠指甲的流程

若想確實體驗凝膠指甲的樂趣，必須經過幾道程序。在此仔細地確認吧！

指甲修型
➪ Lesson **2**
（P.18～）

塗刷凝膠
➪ Lesson **3**
（P.26～）

使其硬化
➪ Lesson **3**
（P.26～）

進行彩繪
➪ Technique **1, 2, 3**
P.48

進行卸除
➪ Lesson **5**
P.40

\\ Before //

⇩

\\ Light //

⇩

\\ After //

何謂硬化？

對凝膠指甲而言，硬化是絕對不可欠缺的一道程序。凝膠是以具流動性的樹脂製作而成，透過照射紫外線或可視光線使其硬化（＝凝固）的步驟，藉以完成凝膠指甲。

凝膠上色後既無法自然凝固，還會與其他顏色混雜在一起；因此每塗完一個顏色，就要照燈使彩膠硬化。照射時間雖然會因品牌不同而有所差異，但平均一次約需2分鐘。進行指甲彩繪時，為了防止小飾品在凝膠指甲上滑動，因此會以比一般硬化時間還短的時間（10秒～）來進行硬化，以便將小飾品稍微固定上去，此道程序稱為暫時硬化。

光療燈一般為UV光療燈，但最近也有使用LED光療燈的作法。

凝膠的種類

就基本觀念來說，凝膠指甲分有「可卸式凝膠指甲」與「不可卸式凝膠指甲」兩種類型。一般最常使用＆最適合初學者的是可卸式凝膠指甲，本書介紹的就是可卸式光療凝膠的使用方法。

〈 可卸式光療凝膠 〉

①可以使用專用溶劑進行卸除，對指甲造成的負擔較少。
②初學者也能簡單操作，自然就能上手。

〈 不可卸式光療凝膠 〉

①需以磨除的方式才能卸除指彩，可能會傷及真甲。
②具有光澤且耐用，能以人工方式延長指甲。

瞭解指甲的構造

指甲是由一種被稱為甲母質的部分所構成，並透過甘皮角質層漸漸生長出來。若想更專精凝膠指甲，建議先瞭解指甲的構造＆功能。

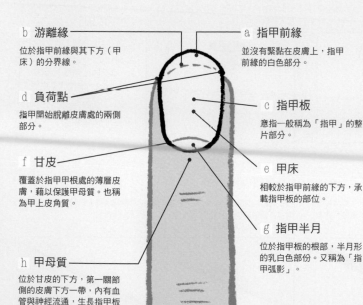

b 游離緣
位於指甲前緣與其下方（甲床）的分界線。

a 指甲前緣
並沒有緊黏在皮膚上，指甲前緣的白色部分。

d 負荷點
指甲開始脫離皮膚處的兩側部分。

c 指甲板
意指一般稱為「指甲」的整片部分。

f 甘皮
覆蓋於指甲甲根處的薄層皮膚，藉以保護甲母質。也稱為甲上皮角質。

e 甲床
相較於指甲前緣的下方，承載指甲板的部位。

g 指甲半月
位於指甲板的根部，半月形的乳白色部份。又稱為「指甲弧影」。

h 甲母質
位於甘皮的下方，第一關節側的皮膚下方一帶，內有血管與神經流通，生長指甲板的部分。

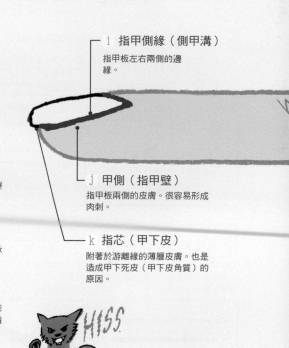

i 指甲側緣（側甲溝）
指甲板左右兩側的邊緣。

j 甲側（指甲壁）
指甲板兩側的皮膚。很容易形成肉刺。

k 指芯（甲下皮）
附著於游離緣的薄層皮膚。也是造成甲下死皮（甲下皮角質）的原因。

HISS.

備齊必要的工具

本單元將介紹進行凝膠指甲時的必備工具。
請在此確認各名稱＆使用方法。

1 底層凝膠 ●

最初塗刷的基底膠，有益於彩膠的定著性，並預防色素沉澱。亦稱透明凝膠。

2 彩色凝膠 ●

塗刷於底層凝膠的上方，意指有色凝膠。有琳瑯滿目的色彩＆款式可供選擇，也可以混合後使用。

3 上層凝膠 ●

上色或彩繪之後，最後塗刷的凝膠。可帶出光澤感，使凝膠指甲得以完成。同時也兼具固定飾品的效果。

4 UV光療燈 ●

使凝膠硬化的光療燈。硬化時間依凝膠廠商的不同而有所差異。另外還有LED光療燈。

5 凝膠清潔液 ●

清除殘留於指甲表面，尚未凝固的凝膠（未硬化凝膠）的去光水。可吸附於卸甲棉上使用。

6 消毒酒精 ●●

進行手指消毒時的消毒用酒精。亦可在塗刷凝膠前使用，以去除水分＆油分。

7 卸甲液 ●

卸除凝膠指甲的專用軟化劑。將吸附卸甲液的卸甲棉貼覆在甲面上，使凝膠指甲得以卸除。

8 指緣滋養油 ●●

補充角質層的油分，進行保濕的滋養油。亦可作為培育健康指甲的養分來輔助搭配使用。

9 凝膠筆 ●

塗刷凝膠時使用。筆刷的形狀或刷毛的種類皆有各種不同的款式，可依據用途來分別使用。

10 磨砂棒 ●●

指甲磨棒的種類之一，主要用來修整真甲的長度或形狀。顆粒係數為180至240G左右。

11 海綿拋棒 ●●

指甲磨棒的種類之一，對真甲的表面進行銼磨的拋光時使用。顆粒係數為180至240G左右。

12 金屬推棒 ●●

可將甘皮推起，或將卸甲時浮起的凝膠指甲推起。

13 陶瓷推棒 ●

除了藉由刀刃端的陶瓷以打圈的方式推整甘皮，亦可進行拋磨甲面。

14 甘皮剪 ●●

利用刀尖剪斷推起的多餘甘皮或肉刺的剪具。刀刃鋒利，使用時請特別注意。

15 美甲攪棒 ●

可於塗刷彩色凝膠前進行攪拌，或在製作原創彩膠時，用來沾取凝膠。

16 木推棒 ●

將溢出的凝膠進行修正，或將細小的指甲飾品放在指甲上時使用。建議預先準備，作業時會很方便。

17 指甲擦拭棉 ●

不會起毛，因此不會在指甲上殘留棉絮纖維，可在療程前清除水分＆油分，或掃除粉塵時使用。

18 卸甲棉 ●●●

可使用於消毒手指、擦拭未硬化指甲油，及卸除凝膠指甲等各種用途。

19 鋁箔紙 ●●

可於卸除凝膠時包捲在手指上，或作為創作原創彩膠時的調色盤。請裁剪之後再行使用。

20 廚房紙巾 ●

用來擦拭沾附於凝膠筆上的凝膠時，相當便利。請裁剪成小片之後使用。

21 粉塵刷 ●●

可將銼磨或卸除時產生的碎屑（老廢角質等）徹底去除的工具。

22 指甲磨棒 ●

卸除時，用於修磨凝膠的表面。顆粒係數為100至180G左右。

23 指甲拋光棒

指甲磨棒的種類之一。在進行指甲護理時，將真甲的表面進行拋磨，以便磨出光澤感。

凝膠指甲彩繪技巧的必備道具參見P. 46的介紹。

＊指甲磨棒的網目粗細是以磨砂顆粒係數（G）的單位作為表示。係數越小代表網目越粗，對指甲的銼磨性越強。

Lesson 2 塗刷凝膠的前置準備

關於前置準備工作

備齊必要的工具後，
首先，應進行塗刷凝膠前的重要準備，
且將此步驟視為前置準備工作。
無論是修剪指甲的形狀，或處理甘皮的作業，
都是可以左右完成時的美麗度＆維持度的重要程序。
為了能夠順利地進行，請仔細地確認每項步驟吧！

修磨銼平
修磨指甲，
銼整形狀。
➡（P.20～）

處理甘皮
將不要的老廢甘皮
上推後去除。
➡（P.22～）

拋磨甲面
為了使凝膠容易附著，
先將指甲表面磨平拋霧。
➡（P.24～）

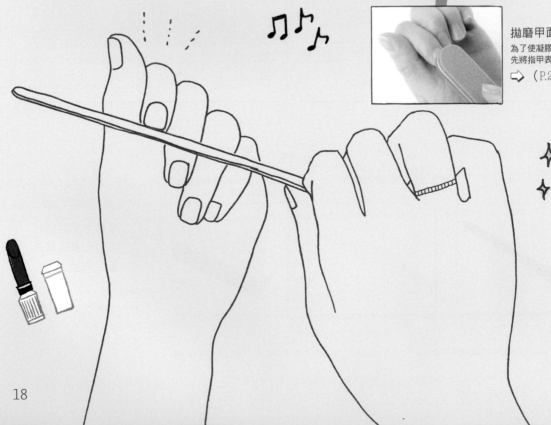

決定指甲的形狀

決定指甲的形狀也是美甲的時尚樂趣之一。維持短指甲時，建議可選擇順著真甲的弧度來決定。不妨仔細觀察自己的手指&手形，試著尋找適合的形狀吧！

指甲磨棒&甘皮剪的拿法

指甲彩繪的工具雖然有各式各樣的種類，但希望你能特別留意指甲磨棒&甘皮剪的使用方法。請以正確的拿法，安全地使用吧！

磨砂棒

以拇指、食指與中指輕輕夾住，在修磨真甲時使用。建議手持棒端進行，以擴大磨砂棒的接觸面積為原則較為理想。

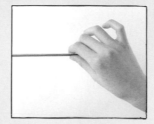

指甲磨棒&海綿拋棒

橫向平放後，將拇指打開，以中指&食指輕輕夾住。用於修磨真甲，或鏟磨凝膠表面，因此力道請勿過當。

甘皮剪

拇指與刃尖呈同一方向，並以指腹確實固定。甘皮剪置於食指上方，輕輕地慢慢推動，不要關上刀刃，盡量一口氣向前進行推剪。

〈圓形〉

指甲前緣呈現自然圓弧的形狀。本書介紹的指甲皆為此形狀。任何設計皆適宜。

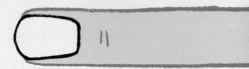

〈橢圓形〉

相較於圓形，在兩側帶出弧度後，形成鵝卵般的形狀。是可以營造出女性高雅形象的指尖。

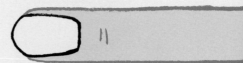

〈尖形〉

以橢圓形為基礎，進而修剪兩側，使指甲前緣呈現窄而尖的形狀。由於指甲前緣較為窄小，指甲強度將會較弱。

〈方形〉

將指甲兩側與指甲前緣削成一直線的四角形。指甲強度雖高，但缺點是轉角處很容易勾到物體。

〈方圓形〉

以方形為基礎，進而將轉角處修剪成圓弧狀。指甲強度高，可營造出較方形更為柔和的印象。

前置準備工作（修磨銼平）

進行指甲彩繪時，並不使用指甲剪，而是以指甲磨棒（磨砂棒）來修整指甲。此步驟稱之為修磨銼平，請確實地掌握箇中祕訣。

磨砂棒

消毒酒精　卸甲棉　粉塵刷

① 進行手指＆指甲消毒

將消毒酒精浸濕卸甲棉後，在手的表面、指間、甲面等，全面性地溫和搓揉擦拭乾淨。

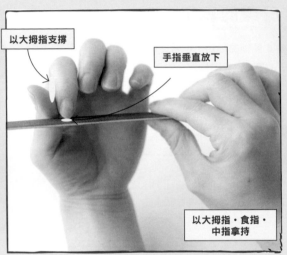

以大拇指支撐

手指垂直放下

以大拇指・食指・中指拿持

② 指甲磨棒的拿法＆貼放的方式

手持磨砂棒，面向待修磨的指甲，呈45度角貼放上去。以大拇指支撐修磨的手指，就能順利地操作。

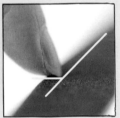

保持45度角！

朝單一方向磨銼（右撇子請往右）

③ 從指甲前端開始修整

磨砂棒與指甲請保持45度角，僅將磨砂棒朝單一方向移動磨銼。若慣用手是右手，往右磨應該會比較容易操作（慣用手是左手則往左）。如果磨砂棒過度頂住指甲，或來回摩擦，恐會傷及指甲，請特別注意。

由內側往前方，朝單一方向動作。

④ 修磨側邊

請將指甲側邊面向自己的正前方，保持最佳視野，並以大拇指的指腹將指甲壁往下壓，會比較容易操作。磨砂棒則是以由內側拉往前方的概念，朝單一方向動作。

5 細修邊角

修整出自然弧度的圓形。以畫圓的方式貼放上磨砂棒，將邊角細修成圓形，以便連接上指甲前端的弧度。

往右
朝單一方向動作。

6 另一側亦以相同方式修磨

將拿著磨砂棒的手往上半提起，並由內側往自己的身體側，朝單一方向移動來進行修磨。

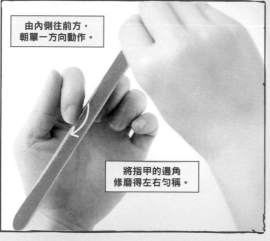

由內側往前方，
朝單一方向動作。

將指甲的邊角
修磨得左右勻稱。

7 掃除塵屑

以粉塵刷清除附著於指甲上的塵屑。若指甲下方露出甲下皮角質（老廢角質）時，請徹底清除乾淨。

何謂甲下皮角質？

指從指芯（甲下皮，見P.15）延伸出來，依附在指甲內側的多餘角質。每當指甲進行修磨銼平，有時會從指甲裡面冒出來。一旦不予理會，將可能是日後導致凝膠剝落的原因，因此請事先清除乾淨。

完成度檢查重點

Front　　　Side

◇ 由正面檢視，左右形狀對稱。
◇ 指側連接指甲前端的線條為平緩相連的弧線。
◇ 無甲下皮角質。

next!
下一步是甘皮處理！

前置準備工作
(甘皮處理&拋磨甲面)

去除甘皮後，就要進行有助於增加凝膠指甲附著度的拋磨除光步驟。剛開始時，請特別留意避免過度用力而傷及指甲。

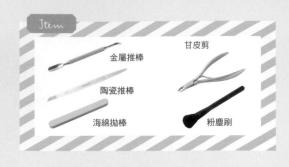

金屬推棒
甘皮剪
陶瓷推棒
海綿拋棒
粉塵刷

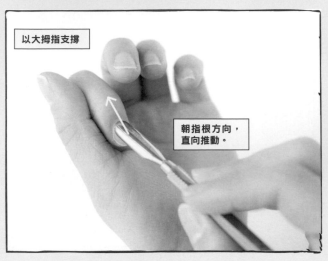

以大拇指支撐

朝指根方向，
直向推動。

① 將甘皮
輕輕地往上推

以鉛筆的相同握法手持金屬推棒，45度角面向指甲，並自正面貼住甘皮後，直向推動，一點一點地逐步往上平推。

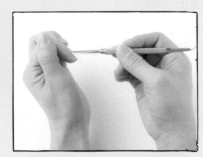

保持45度角！

② 角落也往上推

圓弧形的邊角處也以金屬推棒的圓頭，確實地往上推。

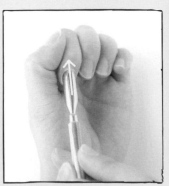

另一側邊角也以金屬推棒的圓頭，確實地往上推。

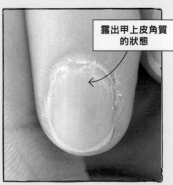

露出甲上皮角質
的狀態

將甘皮往上推除的狀態。

3 較細碎的甘皮則使用陶瓷推棒

上推後的甘皮下方，有一層薄薄的甲上皮角質（老廢甘皮）也需要逐步去除。建議一邊以畫圓的方式打轉陶瓷推棒，一邊去除死皮。甲側則只要以直立陶瓷推棒的感覺來進行，就能更輕鬆地除去。

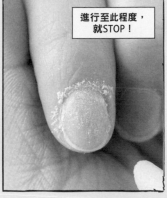

進行至此程度，就STOP！

陶瓷推棒另有拋霧甲面的效果，請小心不要過度拋磨。

乾燥護理與水漾護理的差異？

凝膠指甲採取所謂的乾燥護理的甘皮處理方法。凝膠因為油與水的不相容性，在進行凝膠指甲時，必須經常注意水分與多餘油分不可附著於指甲上。而塗刷指甲亮光漆（指甲油）時，則是以浸泡溫水軟化甘皮後，再將甘皮往上推的水漾護理方法，來處理甘皮。

截至目前的
完成度檢查重點

Front　　　Side

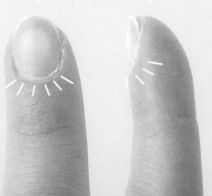

◇ 甘皮已確實地上推。
◇ 甲側甘皮也已一併上推。
◇ 沒有過度以推棒進行磨除。

next!
接下來要進行甲面拋磨囉！

進行甲面拋磨

以海綿拋棒於指甲表面逐漸拋磨出細緻的刮痕。只要以食指在海綿上方輕壓，就能輕鬆地推動。請對齊指甲的直線，拋磨至甲面的光澤消失為止。

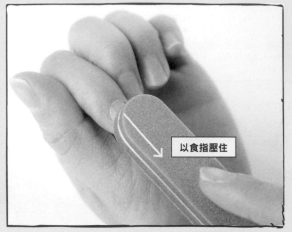

以食指壓住

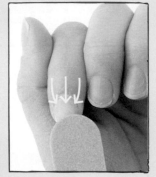

呈直線且規律的推動。

甲面光澤消失不見的狀態。請注意不要將指甲磨得太薄。

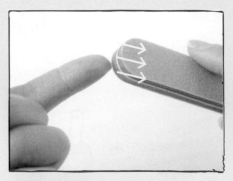

將指甲前緣的甲下皮角質，輕輕拂去般的清除。

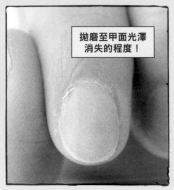

拋磨至甲面光澤消失的程度！

5 **以甘皮剪剪下多餘的甘皮**

以甘皮剪逐一剪去剩餘的甘皮。

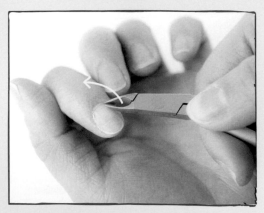

請小心操作甘皮剪！

甘皮剪的刀口相當鋒利，若猛然不停地修剪，可能會受傷流血！初學使用時請務必小心謹慎。

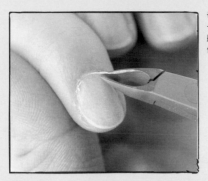

切忌突然改變角度，請一邊如畫出平緩圓弧線般，一邊由兩側往中心修剪。

連著甘皮剪下

若一刀一刀地分次修剪，反而會產生多餘的甘皮；因此祕訣在於直接連著甘皮，慢慢地逐步往前完整地剪下甘皮。

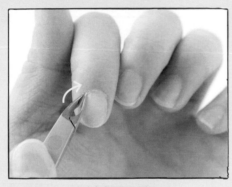

另一側也往前＆接往中心處地進行修剪。

6 掃除塵屑

出現塵屑時，請事先以粉塵刷清除乾淨。

完成度檢查重點

◇ 甲面光澤已完全消失。
◇ 甲側的拋磨沒有不足。
◇ 甘皮已徹底修剪乾淨。

避免甲面的拋磨不足＆過度！

拋磨過度恐會傷及真甲，嚴重時還會導致指甲變薄的情況產生！因此「剛剛開始進行時可抓底下風」也不要過當！不妨重複幾次，一邊斟酌情況一邊進行調整吧！

 front

 Side

 next!

以底層凝膠進行打底！

Lesson 3 練習基礎的塗法

塗刷凝膠時

終於要在完成前置處理的乾淨甲面上，
逐步塗上凝膠了！
在塗刷彩色凝膠之前，預先塗上一層打底用的底層凝膠，
將有助於凝膠的密合度＆持久性能更有效的提升。
最後再塗刷上層凝膠，呈現出凝膠特有的光澤，
一起追求最美麗的成果吧！

底層凝膠
塗刷於真甲上，使凝膠更為密合。
➡ （P.28～）

彩色凝膠
以塗刷兩次，完成無斑駁的甲面為基本原則。
➡ （P.30～）

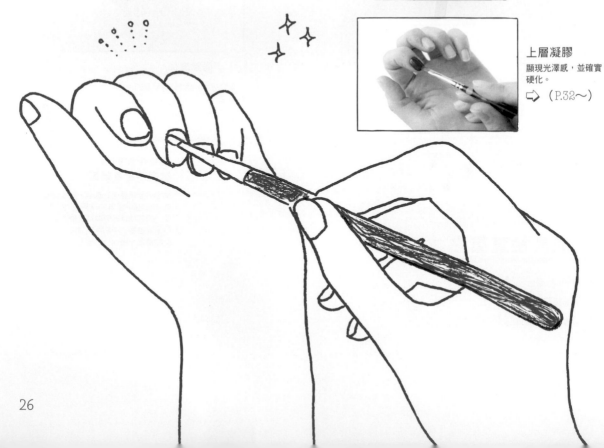

上層凝膠
顯現光澤感，並確實硬化。
➡ （P.32～）

凝膠筆的種類

基本上使用一支平筆刷即可，
但能夠配合彩繪特色的筆刷更容易使用且便利。
若能逐一備齊數款不同的筆刷，
彩繪時更能靈活應用。

〈 平筆 〉

毛尖為方形，為使凝膠容易塗刷，因此形成扁平狀。可應用於所有塗法的基本款。

〈 圓筆 〉

由於毛尖呈現圓弧形，因此塗刷時不易超出範圍，也能順利地沿著甘皮邊緣進行塗刷。

〈 細筆 〉

毛尖細長，有利於進行法式指彩的花邊裝飾，可畫出纖細的線條，相當方便。

〈 彩繪筆 〉

比細筆刷更細小，在以壓克力顏料進行甲油彩繪等細小圖案時，非常地方便好用。

凝膠的取法

僅以筆刷的單面沾取

放入彩繪筆後，僅以筆刷單面沾取凝膠。若沾到另一面時，可利用容器邊緣去除凝膠。

一片指甲的大約用量

請勿沾取過量的凝膠，預先確實牢記塗刷一片指甲的用量大約就這麼多吧！

凝膠的塗法

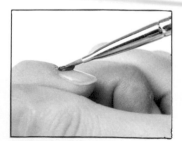

筆刷呈45度角

將凝膠置於指甲上時，一邊保持45度角，一邊放上筆刷。

平放筆刷後塗刷

於整片指甲上塗刷時，請平放筆刷，再將凝膠塗開上色。

指甲前緣是將筆尖貼放上去塗刷

在塗刷指甲前緣（指尖）時，不妨將筆尖輕輕貼放於指甲前緣來進行塗刷。

底層凝膠

底層凝膠是於最開始時，直接塗刷於真甲上的
凝膠。可使凝膠確實密合＆防止裂開，有助於
凝膠指甲的持久性。

Item

木推棒

消毒酒精　指甲擦拭棉　　凝膠筆　　底層凝膠　UV光療燈

1　拭除多餘的水分＆油分

徹底完成前置準備之後，先以吸附消毒酒精的
指甲擦拭棉清除甲面上的水分與油分，再開始
進行吧！若不使用消毒酒精，使用去除水分與
油分專用液的平衡劑也OK。

2　以彩繪筆沾取凝膠

僅以筆刷單側沾取少量凝膠。若兩側皆沾有凝膠時，
可將筆刷單側輕靠容器邊緣，刮除凝膠。

一片甲面所需的大致用量。

3　由中心向外側塗刷

自甲根處起，邊緣約預留一根髮量的間隔，開始進行塗刷。若從指肉處
就開始塗，凝膠沾附於皮膚上，將形成日後剝落的常見原因。

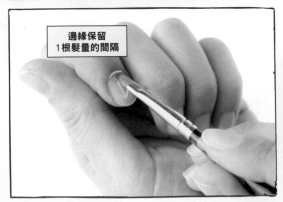

邊緣保留
1根髮量的間隔

4　塗刷甲側

由中心往兩側逐步進行塗刷。請避免多次重複塗刷，
大約塗1次至2次，使整個甲面不致產生斑駁即可。

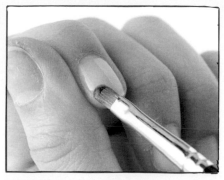

不小心塗出界了？

在進行硬化之前，凝膠都能自由地修正。以木推棒盡量靠近指甲內側，挑除多餘的凝膠即可。

為表面增添光澤，呈現出光滑圓潤的視覺感。請不要塗得太厚。

5 **指甲前緣也要確實塗刷**

利用殘留在筆刷上的凝膠，將指甲前緣也仔細地塗上凝膠。以筆尖輕輕貼放般，一股勁地塗刷吧！

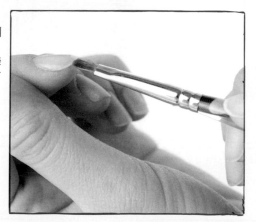

6 **照光硬化**

確認凝膠品牌標示的硬化時間，照UV（LED）燈進行硬化。

完成度檢查重點

◇ 距邊預留一根髮量的間隔。
◇ 完成時呈現出光滑圓潤的視覺感。
◇ 確實塗刷至指甲前緣。

Front   Side

next!

準備塗刷彩色凝膠吧！

讓作業更便利的木推棒

又稱為橘木棒。除了可用來修正塗出範圍的凝膠之外，亦可纏繞上卸甲棉來推甘皮，或用來沾取小小的美甲飾品。建議可多儲備幾支木推棒備用。

彩色凝膠

淡色系或粉色系的彩膠若僅塗刷一次，會形成
色斑。因此在塗刷彩色凝膠時，以塗刷兩次為
基本原則。

彩色凝膠　　　　UV光療燈　　　　木推棒
　　　　　　　　　　　　　　　　　凝膠筆

1 攪拌彩色凝膠

由於彩膠有時會出現顏料沉澱的情況，因此可利用美甲攪棒
或牙籤攪拌之後，再行使用。但若攪拌力道過大，會導致泡
泡（氣泡）產生，建議由下往上慢慢地進行攪拌。

將出現的
氣泡弄破

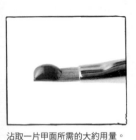

沾取一片甲面所需的大約用量。

2 以彩繪筆沾取凝膠

以筆尖沾取少量的凝膠。依底層凝膠的
相同方式，僅以筆刷單側沾取即可。

3 由中心 向外側塗刷

依底層凝膠的相同方式，距
邊預留約一根髮量的間隔，
由甲根處開始塗刷。

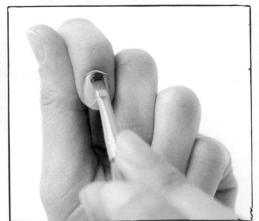

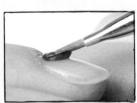

最初以立起筆刷的感覺開始進行……

再往指甲前緣，慢慢地平放筆刷來進行。

30

4　塗刷甲側

一邊注意不要超出範圍，一邊塗刷甲側。如果塗得不夠，可於筆尖處稍微補足凝膠。

5　塗刷指甲前緣

順勢將筆尖貼放上去，逐一將指甲前緣進行上色。

6　照光硬化

進行第一次的硬化。確認凝膠品牌標示的硬化時間，照UV（LED）燈進行硬化。

7　進行二次塗刷後，再次照光硬化。

二次塗刷亦依第一次的相同方式，逐一進行。此時凝膠厚度增加，請注意切勿沾取過量。待塗刷至毫無色斑時，再次進行硬化。

完成度檢查重點

◇ 整體無氣泡產生。
◇ 表面呈現光滑的線條。
◇ 不會顯現厚重感。

Front　　　Side

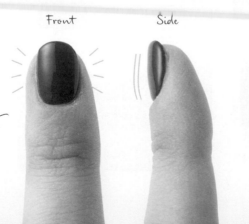

next!
再塗上上層凝膠就完工了！

何謂甲面整平？

即便因塗膠時彩繪筆刷毛分叉而認為「竟產生色斑了！」但請先等待數秒，凝膠會因本身特性自然地產生流動，甲面上的斑駁感也將隨之消失。此一性質便稱為甲面整平。

LEVELING

上層凝膠

作為最後一道工序，只要塗刷上層凝膠後照光硬化，即可完成。並請確實地拭除未硬化凝膠。

木推棒

上層凝膠　卸甲棉　　　凝膠筆　UV光療燈　凝膠清潔液 指緣滋養油

1　以彩繪筆沾取凝膠

依底膠&彩膠的相同方式，以筆尖單側沾取少量凝膠。
避免塗得過厚，一開始少量沾取即可。

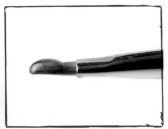

沾取一片甲面所需的大約用量。

甲側亦進行塗刷。為使厚度均勻，請一邊確認一邊塗刷。

2　由中心向外側塗刷

依底膠&彩膠的相同方式，自甲根處起，距邊預留約一根髮量的間隔，開始進行塗刷。

指甲前緣也別忘了塗刷喔！

3 照光硬化

終於進入最後的硬化了！進行硬化之前，
請先確認完成的情況。

4 擦拭清除 未硬化凝膠

以卸甲棉吸附凝膠清潔液，擦拭
清除未硬化的凝膠。請自甲根處
往指甲前緣，如以卸甲棉撫平似
地縱向擦拭。請避免力道過大，
或在相同位置重複擦拭數次，以
免造成附著於卸甲棉上的凝膠又
再度沾回甲面上。

沒有顯現出 光澤感時……

有時也會有凝膠光澤無法呈
現，甲面變得霧霧的狀況。
原因可能是未硬化凝膠沒有
完全擦拭乾淨、硬化時間太
短，或上層凝膠的塗刷量太
少等。在此情況下，可再次
塗刷上層凝膠＆照光硬化。

5 以指緣滋養油 進行保濕

將少量的指緣滋養油塗刷於甲母質上，至指甲
前緣完全吸收。

將指甲前緣＆甲側全部擦拭乾淨。

完成度檢查重點

◇ 凝膠已確實硬化。
◇ 呈現出光澤感的美麗甲面。
◇ 甲面整體皆塗刷上色。

front   side

next!

嘗試製作原創彩膠吧！

何謂未硬化凝膠？

即使重複塗刷底膠或彩膠＆進行硬
化的標準程序，但甲面依然殘留著
黏稠的凝膠，即所謂的未硬化凝
膠。這是接觸到空氣的凝膠因為來
不及硬化而留下來的產物。建議事
先清除乾淨。

Lesson 4 以基礎6色調製出原創彩膠

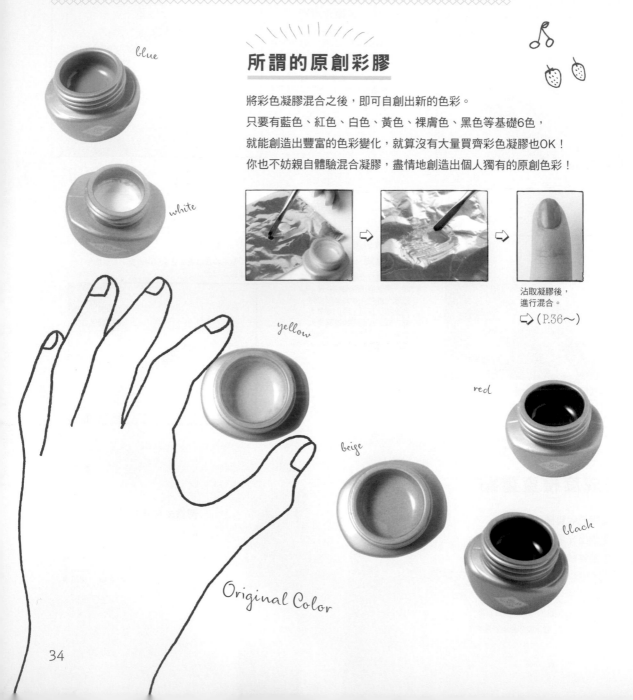

blue

white

所謂的原創彩膠

將彩色凝膠混合之後，即可自創出新的色彩。

只要有藍色、紅色、白色、黃色、裸膚色、黑色等基礎6色，

就能創造出豐富的色彩變化，就算沒有大量買齊彩色凝膠也OK！

你也不妨親自體驗混合凝膠，盡情地創造出個人獨有的原創色彩！

沾取凝膠後，
進行混合。
⇨ （P.36～）

yellow

red

beige

black

Original Color

使用原創彩膠的指甲彩繪

運用顏色的組合，展現出色彩＆品味的自由創作！
配色重點是以淺色作為底色，再一點一點地慢慢添加深色進行調製。
若以深色作為底色時，只要調入裸膚色，即可作出微妙色差。

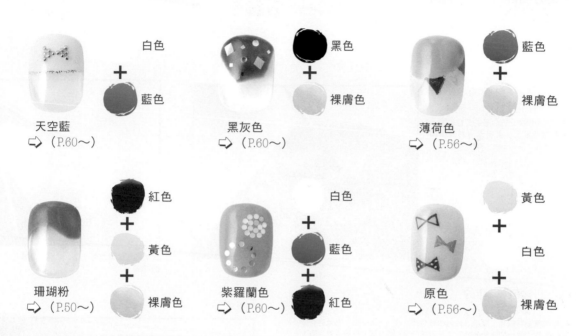

白色
＋
藍色

天空藍
➡（P.60～）

黑色
＋
裸膚色

黑灰色
➡（P.60～）

藍色
＋
裸膚色

薄荷色
➡（P.56～）

紅色
＋
黃色
＋
裸膚色

珊瑚粉
➡（P.50～）

白色
＋
藍色
＋
紅色

紫羅蘭色
➡（P.60～）

黃色
＋
白色
＋
裸膚色

原色
➡（P.56～）

原創彩膠的保存方法

已調製好的原創彩膠，可以事先裝入不透光的盒子等容器來保存。
但保存時也可能會有變質或變色之虞，因此請少量製作，盡可能一
次性地使用完畢。

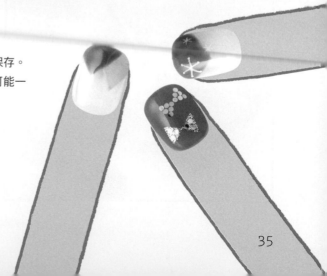

How to

原創彩膠

由基本的6色中,以黃色&紅色,
調配出橘色。請準備剪成小片狀的
鋁箔紙,在其上方進行混色。

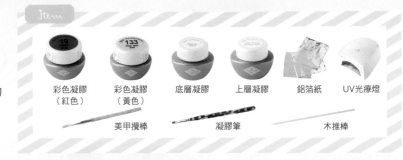

Item

彩色凝膠 (紅色)	彩色凝膠 (黃色)	底層凝膠	上層凝膠	鋁箔紙	UV光療燈
美甲攪棒		凝膠筆		木推棒	

① 沾取第1色的
  彩色凝膠

先以美甲攪棒沾取少量的黃色彩膠,
置於鋁箔紙上。若手邊沒有美甲攪
棒,使用牙籤也OK。

在沾取其他顏色前,先以廚房紙巾擦去第1色
的彩膠。

② 沾取第2色的
  彩色凝膠

在製作原創彩膠時,建議以較淺的顏色作為底色,再一點一點地混合較
深的顏色,會比較適當。特別是紅色屬於強烈色,因此只要少量沾取,
置於鋁箔紙上即可。

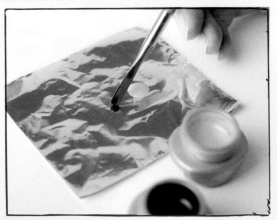

於淺色上,一點一
點地混入深色。

③ 混合顏色

一邊一點一點地添加紅色加以混合,一邊調整顏色。

36

待調製到理想的橘色時，僅需製作相同顏色的必要使用量。凝膠不夠時，則進行追加。

請勿繼續攪拌

確實混合後，即可完成。若此時仍繼續攪拌，請小心可能會產生氣泡。

4 塗刷原創彩膠

塗刷底層凝膠後使其硬化，再塗上製作好的原創彩膠。依彩色凝膠的相同方式，進行基本的兩次塗刷。塗刷兩次＆硬化之後，再塗刷上層凝膠＆使其硬化，並擦除未硬化凝膠，完成！

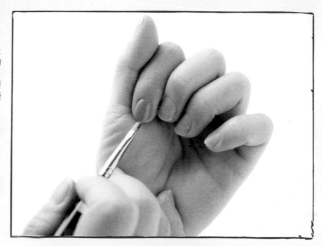

完成度檢查重點

◇ 無色斑產生。
◇ 無氣泡產生，表面光滑。
◇ 調製出理想的顏色。

next!
最後是卸除＆護理的方法！

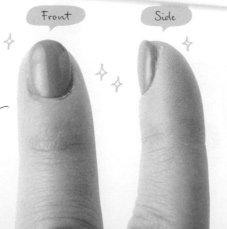
Front   Side

使用相同廠商的凝膠比較好嗎？

就算混合不同廠商的凝膠也OK，但由於凝膠具有相容性，也有可能會有無法徹底混合、硬化時間不同，或無法完全硬化的情況發生。所以最好盡量使用同一廠商的凝膠。

原創彩膠配方

只要稍微改變一下配法，即可產生全新的色彩，這就是原創調色的有趣之處。請依以下配方為參考標準，試著自製新的色彩。

以淺色為底色的2色混合原創彩膠

 + =

白色　　　黃色　　　　檸檬黃

  + =

白色　　　藍色　　　　天空藍

 + =

白色　　　紅色　　　　粉紅色

 + =

白色　　　黑色　　　　灰色

  + =

裸膚色　　黑色　　　　摩卡棕

 + =

黃色　　　裸膚色　　　原色

  + =

黃色　　　藍色　　　　黃綠色

 + =

黃色　　　紅色　　　　橘色

+ =

黃色　　　黑色　　　　芥末黃

 + =

紅色　　　黑色　　　　葡萄酒色

以深色為底色的2色混合原創彩膠

   + =

藍色　　　裸膚色　　　薄荷色

  + =

藍色　　　裸膚色　　　珊瑚藍

 + =

藍色　　　黑色　　　　海軍藍

  + =

紅色　　　裸膚色　　　玫瑰粉

 + =

紅色　　　黃色　　　　朱紅色

 + =

黑色　　　裸膚色　　　黑灰色

38

以淺色為底色的3色混合原創彩膠

白色 + 裸膚色 + 黃色 = 象牙白

白色 + 黃色 + 藍色 = 萊姆綠

白色 + 藍色 + 紅色 = 紫羅蘭色

黃色 + 藍色 + 裸膚色 = 開心果色

黃色 + 藍色 + 黑色 = 深綠色

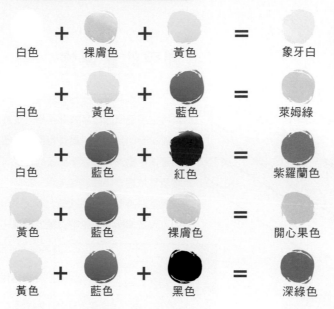

以深色為底色的3色混合原創彩膠

藍色 + 黑色 + 裸膚色 = 暗海軍藍

紅色 + 黃色 + 裸膚色 = 珊瑚粉

黑色 + 黃色 + 紅色 = 棕色

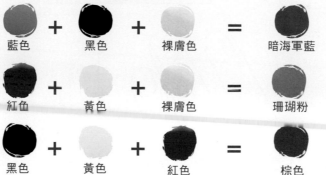

＊以最左側的顏色為底色，來進行調製吧！
請一點一點地添加顏色，進行調整。

Lesson 5 卸除凝膠指甲

卸甲的重要性

為了能一直享受凝膠指甲的樂趣，

維持指甲健康的程序就顯得格外重要。

凝膠指甲的持久性，最長也僅限一個月。

隨著指甲變長，或逐漸剝落的情況，

請及早依標準步驟卸除指彩。

只要重新調整指甲的狀態，

即可再次體驗全新指甲彩繪的樂趣。

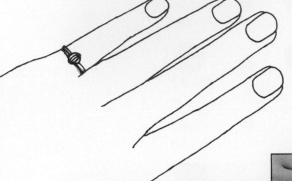

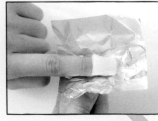

凝膠指甲的卸除
以卸甲液
使凝膠剝離。

⇨（P.42～）

**卸除後的
指甲護理**
不再繼續凝膠指甲的
護理方法。

⇨（P.44～）

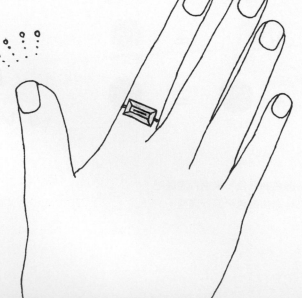

卸除凝膠指甲的注意事項

在卸除指彩期間，絕對要注意——千萬不要傷及真甲！最初時，
請多花點時間，耐心地進行卸除工作。

使用專用的卸甲液

處理可卸式凝膠指甲（P. 15）時，
建議使用含有丙酮的凝膠指甲專用卸
甲液，使用一般指甲油的去光水是無
法卸除的。

較大的美甲飾品請以甘皮剪清除

較大的美甲飾品，建議以鉗子型的甘
皮剪來去除，絕對不可強行取下。

初學時請隨時觀察當下的狀況

直到熟悉為止，請多加耐心處理。
會傷及指甲表面的拋磨過程，一旦
操作過當，恐有傷及真甲之虞。

請勿長時間放置不管！

由於卸甲油中含有丙酮，有可能
造成肌膚乾燥的情況發生，因此
請避免讓卸甲油滲透超過10分鐘
以上。

指甲裂開&黴菌感染

所謂的裂開，是指凝膠指甲的邊端浮起後，產生剝落的情況。一旦
水分從裂開部位滲入，就可能會導致具甲上黴菌滋生。因此最好立
即進行凝膠卸除或修復（P. 116）。

凝膠指甲的裂開

可能是拋磨不足或塗刷凝膠時超出範
圍等原因所造成。普遍會從指根處或
指甲前緣開始逐漸剝落，並漸漸地擴
大範圍。

指甲發霉‧綠指甲症候群

由於指甲變成綠色，因而被稱為綠指甲症
候群，主要原因是綠膿桿菌感染繁殖。
一旦發生，就必須進行凝膠指甲的卸除，
並充分休息直到重新長出新的指甲。

凝膠指甲的卸除步驟

卸除指彩雖然需要花費些許的手續與時間，
卻是為了指甲的健康＆體驗下一次美甲樂
趣，不可欠缺的一道重要程序。由於必須將
凝膠刮除，請小心謹慎地進行。

Item

卸甲棉　鋁箔紙　　　　　　　指甲磨棒

　　　　　　　　　　金屬推棒

　　　　　海綿拋棒　　　　卸甲液　指緣滋養油

**務必朝單一方
向拋磨**

進行拋磨直到表面的光澤消失不見，整個
甲面呈現霧面為止。

甲側或指甲前緣也徹底地進行拋磨。為了
避免修磨過度，甚至不小心刮至真甲，打
從一開始就應特別注意！

1　進行甲面的拋磨除光

以顆粒係數約100至180G粗網目的指甲磨棒，逐步將凝膠指甲
的表面進行拋磨。藉由拋磨過後的細緻刮痕，促使卸甲液進行滲
透，得以達到卸除指彩的目的。但若來回進行拋磨，可能會因為
熱摩擦的關係，導致傷及真甲。

2　使卸甲液
　　完全滲透

以裁剪得較指甲稍大的卸甲棉，徹底吸
附凝膠清潔液。

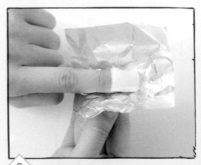

3　以鋁箔紙纏繞包覆

將卸甲棉置於指甲上方，如藏起半邊的手指般，將
裁剪好的鋁箔紙由下往上纏繞包覆。只要從纏繞的
上方反覆捏緊鋁箔紙，就不易脫落了。

**使其滲透
5至10分鐘**

大約靜置5至10分鐘，使卸甲液完全滲透。

溫敷加熱，
滲透力會更快！

溫敷過後，卸甲液的滲透力會變快；相反的，如果指甲冰冷，滲透力就會變慢。建議以毛巾包覆溫敷輔助，效果更佳。

4 確認凝膠浮起 &
　　剝離的狀態

取下鋁箔紙，確認凝膠是否已浮起剝離。試著以手觸摸，感覺有軟化的跡象，應該就可以了。

5 以金屬推棒
　　進行卸除

為了溫和地剝除浮起的凝膠，請由指甲前緣往指根處，以金屬推棒將凝膠往上推起。在卸甲液完全滲透的情況下，施以輕柔的力道，即可輕鬆簡單地卸除凝膠。

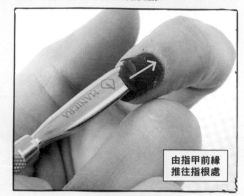

由指甲前緣
推往指根處

6 修整甲面

待凝膠剝除之後，以海綿拋棒修磨殘留在甲面上的薄層凝膠，修整至甲面呈光滑透明狀。

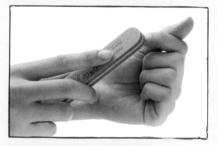

7 以指緣滋養油
　　進行保濕

於甲根處塗上少量的指緣滋養油，使其滲入皮膚之中。甲側邊緣也請徹底地進行保濕。

完成度檢查重點

◇ 凝膠卸除無任何遺漏。
◇ 沒有傷及指甲。
◇ 確實進行保濕。

next!
不再進行凝膠指甲時的素甲護理！

Front　　　Side

卸除得不夠徹底時，
再作一次！

若凝膠還是很硬，表示靜置時間仍不足，請再次以卸甲液浸透甲膠，勿強行將其去除。當浮起剝離的程度不完全時，則建議重複數次相同程序。

How to

卸除後的指甲護理

凝膠卸除後,也請繼續維持健康的指甲狀態,才能毫無煩惱地體驗下一次凝膠指甲的樂趣。

Item

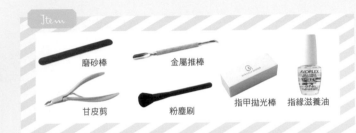

磨砂棒　　　　金屬推棒

甘皮剪　　　　粉塵刷　　　指甲拋光棒　指緣滋養油

① 修整指甲的長度

依前置準備的相同方式,以指甲磨棒修整指甲長度(→參照P.20)。

**若想繼續
進行凝膠指甲?**

完成甘皮處理後,以陶瓷推棒&海綿拋棒拋磨甲面,再接續前置準備的程序(→參照P.22)。

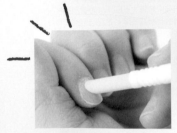

② 進行甘皮處理

倘若出現甘皮,請以金屬推棒&甘皮剪清除乾淨(→參照P.20)。但此時不需要以海綿拋棒進行拋磨的動作。

③ 以指甲拋光棒進行磨光(拋光)

在此使用的是雙面指甲拋光棒。請順著指甲的弧度,以其中一面朝單一方向移動,將指甲的表面磨得光滑透亮。

朝單一
方向移動

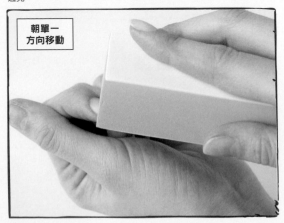

44

翻至另外一面，於甲面上拋出光澤。以指甲拋光棒修磨真甲後，
可拋出光澤感，但切勿過度修磨。

 4 以指緣滋養油進行保濕

將滋養油置於甲母質上，並逐漸往指甲前緣方向延伸塗抹。
甲側＆指甲前緣也以手指描繪般地使滋養油滲入。

何謂拋光？

所謂的拋光，是指以海綿拋棒或指
甲拋光棒在真甲的表面進行修磨。
如果施作頻繁，可能會導致真甲變
薄，因此建議以一個月一次的頻率
為標準來進行。拋磨（除光）則意
指以海綿拋棒或陶瓷推棒於真甲上
磨出細緻刮痕後，使凝膠易於定著
於甲面上的程序（→P. 24）。

拋光

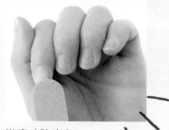

拋磨（除光）

完成度檢查重點

◇ 指甲表面平滑且具有光澤。
◇ 指甲的長度＆形狀整理就緒。
◇ 無甘皮的狀態。

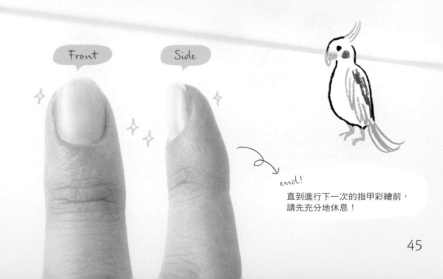

Front　　　Side

end!

直到進行下一次的指甲彩繪前，
請先充分地休息！

Column1: 指甲彩繪的必備工具

從下一頁開始，將介紹能充分體會指甲彩繪樂趣的各種技巧。
在此之前，請先確認以下必備的彩繪用具。

6色基礎彩色凝膠

即原創彩膠（P. 34）中介紹的「藍色、紅色、白色、黃色、裸膚色、黑色」，共6色彩色凝膠。只要備有這些基本顏色，即可享受絢麗繽紛的彩繪樂趣。

彩繪筆・壓克力顏料・筆洗容器

以壓克力顏料進行指甲彩繪（P. 54）所必備的工具。由於壓克力顏料必須沾濕使用，因此除了凝膠筆以外，還必須準備另一支彩繪筆。若有備有畫細線專用的彩繪筆，就更方便了！壓克力顏料同樣也是只要具備基礎的6色，即可混合調製出各式各樣的色彩。

木推棒

黏取小型美甲飾品時，相當地方便好用。諸如亮片等，若直接以手接觸，實在難以取下＆會造成困擾。因此可利用木推棒的尖端稍微沾取底層凝膠，再黏取美甲飾品。

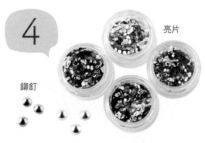

亮片

鉚釘

亮片・鉚釘

亮片是小小的片狀物，正式名稱為雷射亮片（Holography）。每當照到光時，就因反射而閃閃發光。鉚釘則是有如小圖釘般的飾品。無論是亮片還是鉚釘，都有各式各樣的形狀。不妨依據彩繪的主題，巧妙地選擇使用吧！

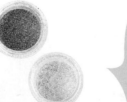

亮蔥粉

耀眼閃爍的粉狀亮粉，亦稱之為璀璨粉。擁有五彩繽紛的顏色＆款式，本書是混入底層凝膠，作成璀璨凝膠來使用。

更多的美甲飾品……

還有諸如貝殼片、水鑽……眾多的美甲飾品配件。此外亦可參考Column 5（P. 90）中介紹的美甲飾品。

Chapter 2
凝膠指甲的彩繪技巧

◇◇

Technique **1** 法式指彩的彩繪

French Nail

所謂的法式指彩

塗刷底層凝膠，並以透明凝膠打底之後，

僅於指甲前緣以彩色凝膠塗刷的指甲彩繪。

可謂指甲彩繪中最基本的設計。

本書中介紹的法式指彩則稍微與眾不同，

是與短指甲彩繪完美速配的隨性設計喔！

Basic 基本的法式指彩設計

Start

進行前置準備作業。塗刷底層凝膠後，再使其硬化。

因應短指甲的狀況，法式指彩的線條可移往游離緣更內側。先以細筆畫出法式指彩的線條。

再以平筆塗刷法式指彩。以朝指甲前緣處直向移動筆刷的方式，進行塗色。

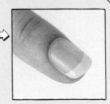
甲側也確實塗刷，並進行一次硬化。

Finish

進行二次塗刷之後，使其再次硬化。

最後塗刷上層凝膠＆使其硬化，並拭除未硬化凝膠，完成！

創意變形的法式指彩也可以嗎？

讓法式指彩垂落而下，或試著添加可愛插圖……不要設限於法式指彩既定的印象，不妨多發揮創意，盡情創作吧！若把底層凝膠當作彩膠使用，也能發現另類的樂趣唷！

⇨ P.72

⇨ P.98

使用工具：底層凝膠、彩色凝膠／天空藍（白色＋藍色）、上層凝膠、凝膠筆

簡單的法式指彩

 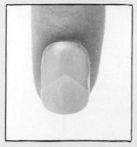  

1 圓形法式指彩

描繪出與基本法式指彩相反弧線的反法式指彩線。請注意線條應呈左右對稱，塗色切勿超出範圍，並於塗刷兩次後使其硬化。

2 三角形法式指彩

決定三角的頂點位置之後，再畫出兩側的線條。塗色時，頂點處不可超出範圍；建議稍微斜傾筆刷會比較順手。塗刷兩次後使其硬化。

3 四角形法式指彩

畫出四方形的線條，塗刷兩次後使其硬化。轉角處建議將平筆的筆角貼放上去塗刷較佳。

4 筆直線法式指彩

畫出直線的線條，塗刷兩次後使其硬化。繪製此風格時，只要將手指橫放，就能很容易地畫出直線。

 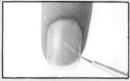  

使用工具：彩色凝膠／檸檬黃（黃色＋白色）

使用工具：彩色凝膠／粉紅色（白色＋紅色）

使用工具：彩色凝膠／灰色（白色＋黑色）

使用工具：彩色凝膠／萊姆綠（白色＋黃色＋藍色）

・先進行前置準備，塗刷底層凝膠＆使其硬化，再開始進行指甲彩繪。最後塗刷上層凝膠＆待其硬化後，拭除未硬化凝膠，完成！
・標示「塗刷兩次後使其硬化」，意謂塗刷第一次後硬化；塗刷第二次後，再次硬化的程序。

法式指彩

Two

三角形雙法式指彩

將下層的三角形塗刷兩次後使其硬化，再將上層的三角形塗刷兩次，使其硬化。只要將三角形的頂點位置或接近中心的位置錯開，即可塑造出惹人憐愛的印象。

Three

四角形雙法式指彩

將下層的四角形塗刷兩次後使其硬化，再將上層的四角形塗刷兩次，使其硬化。此畫法請一邊確認圖形堆疊方式＆高度的均衡感來加以設計。

Four

六角形法式指彩

繪製六角形的半邊，呈現出三個邊角的圖案，塗刷兩次後使其硬化。試著改變每個邊角的大小作出變化，也是不錯的方法。

Five

波形法式指彩

畫出波浪形的線條。不需一口氣就畫出線條，可一邊於細筆上添加凝膠，一點一點地進行即可。塗色時切勿超出範圍，塗刷兩次後使其硬化。

One

圓形雙法式指彩

先畫出下層的圓形線條，塗刷兩次後使其硬化；再畫出上層的圓形線條，塗刷兩次後使其硬化。

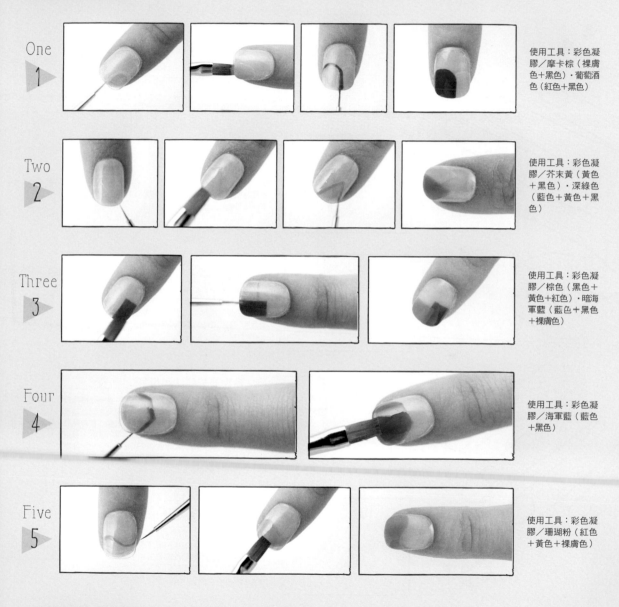

One
▶1

使用工具：彩色凝膠／摩卡棕（裸膚色＋黑色）・葡萄酒色（紅色＋黑色）

Two
▶2

使用工具：彩色凝膠／芥末黃（黃色＋黑色）・深綠色（藍色＋黃色＋黑色）

Three
▶3

使用工具：彩色凝膠／棕色（黑色＋黃色＋紅色）・暗暗海軍藍（藍色＋黑色＋裸膚色）

Four
▶4

使用工具：彩色凝膠／海軍藍（藍色＋黑色）

Five
▶5

使用工具：彩色凝膠／珊瑚粉（紅色＋黃色＋裸膚色）

・先進行前置準備，塗刷底層凝膠＆使其硬化，再開始進行指甲彩繪。最後塗刷上層凝膠＆待其硬化後，拭除未硬化凝膠，完成！
・標示「塗刷兩次後使其硬化」，意謂塗刷第一次後硬化；塗刷第二次後，再次硬化的程序。

更多樣式的法式指彩

 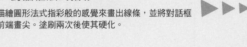

1 對話框法式指彩

以描繪圓形法式指彩般的感覺來畫出線條，並將對話框的前端畫尖。塗刷兩次後使其硬化。

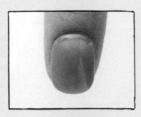 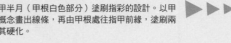

2 半月型反法式指彩

保留指甲半月（甲根白色部分）塗刷指彩的設計。以甲半月為概念畫出線條，再由甲根處往指甲前緣，塗刷兩次後使其硬化。

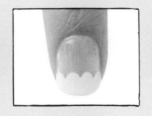

3 蛋糕花邊法式指彩

雖是描繪連續圓形的概念，但請注意不要將所有細小的圓形緊黏在一起，盡量加深弧度，保留間隔地來描繪。塗色時注意不要超出範圍，為避免產生班點，筆刷請盡量直向移動。塗刷兩次後使其硬化。

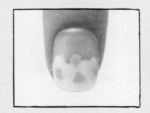

4 點點普普風法式指彩

描繪數個點來繪製法式指彩的設計。在此先以檸檬黃色進行打底，並思考要使用的顏色，並避免相同色調作為鄰近的顏色。接著配置上萊姆綠、粉紅色，創作點點普普風法式指彩的造型。此時不要立刻進行硬化，請稍微靜置片刻，待所有的凝膠自然流動後，將呈現出點點相連的氛圍。稍微厚實地塗上凝膠後，不必塗刷兩次指彩，直接硬化即完成。

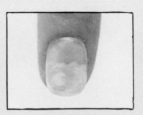

5 大理石花紋法式指彩

大理石花紋指彩是以筆刷稍微混合數種色彩，創造出大理石花紋的技巧。請避免將象牙白、原色、黃綠色等同色調作為鄰近色，均勻地配置上去。重點在於並非有規律地混合色彩，而是不規則地，且避免過度混合。待大理石花紋形成，硬化後即完成。

1

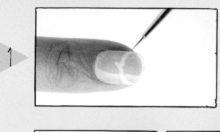

使用工具：彩色凝膠／
米白色（白色＋裸膚色）

2

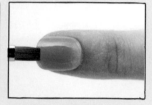

使用工具：彩色凝膠／
橘色（黃色＋紅色）

3

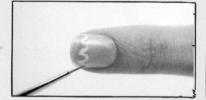

使用工具：彩色凝膠／白色

4

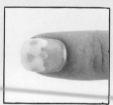

Point!

不要立即進行硬
化，靜待點點緊密
地吸附在一起。

使用工具：彩色凝膠／
檸檬黃（白色＋黃
色）・萊姆綠（白色＋
黃色＋藍色）・粉紅色
（白色＋紅色）

5

使用工具：彩色凝膠／
象牙白（白色＋裸膚色
＋黃色）・原色（黃色
＋裸膚色）・黃綠色
（黃色＋綠色）

・先進行前置準備，塗刷底層凝膠＆使其硬化，再開始進行指甲彩繪。最後塗刷上層凝膠＆待其硬化後，拭除未硬化凝膠，完成！
・標示「塗刷兩次後使其硬化」，意謂塗刷第一次後硬化；塗刷第二次後，再次硬化的程序。

Technique 2 壓克力顏料的彩繪

Paint Art Nail

所謂的壓克力彩繪

不透明且防水性強，

被稱為壓克力膠彩（ACRYL GOUACHE）的壓克力顏料，

是便於俐落畫線或描繪插圖的彩繪用品。

不妨將指甲板當作是小小的畫布，

在上面書寫文字或描繪角色……

體驗短指甲獨有的繪畫樂趣吧！

Basic 橫條紋指甲彩繪

Start

進行前置準備之後，塗刷底層凝膠＆使其硬化。

在鋁箔紙上方，少量地擠出紅色＆黃色壓克力顏料，再混合調製成橘色。使彩繪筆稍微沾水＆薄薄地混合後，顏料會變得更容易延展，且易於塗刷。

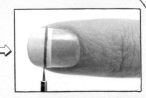

於塗刷兩次＆完成硬化的法式指彩上，畫出橫條紋的線條。只要將手指橫放，就能輕鬆地畫出筆直的直線。

更換色時，請先在筆洗的水裡，將筆刷清洗一次。

以藍色的壓克力顏料畫出另外一條橫紋。

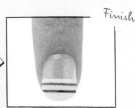

Finish

最後塗刷上層凝膠＆使其硬化，再拭除未硬化凝膠，完成！

使用工具：底層凝膠、彩色凝膠、象牙白（白色＋裸膚色＋黃色）
壓克力顏料／橘色（紅色＋黃色）・藍色、上層凝膠、凝膠筆、彩繪筆、筆洗

壓克力顏料的特性

由於加水混合後暈開來的壓克力顏料會立刻凝固變硬，因此請儘速完成繪圖。而一旦凝固後，就不再溶於水，所以並不會影響凝膠指甲的維持度。

簡單的壓克力彩繪

  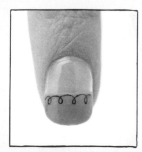 

1 直線條

首先繪製圓形法式指彩，塗刷兩次後使其硬化，再以黃色壓克力顏料朝向指甲前緣畫出一條條筆直的線條。此畫法建議採可直向畫出筆直線條的手勢；只要改變手指的角度，就能畫出漂亮的線條。

2 車縫線條

首先繪製三角形法式指彩，塗刷兩次後使其硬化，再以混合了白色＆黃色壓克力顏料調製而成的裸膚色，加繪上車縫線條。

3 繞圈圈

首先繪製筆直線法式指彩，塗刷兩次後使其硬化，再以壓克力顏料調製出焦茶色。繞圈圈的花樣不需連續繪製而成，建議一個一個地慢慢描繪較佳。只要從邊端連續畫到邊端，即可完成。

4 點點普普風

首先繪製圓形法式指彩，塗刷兩次後使其硬化，再以壓克力顏料調製出粉紅色，均勻地逐一添加上小小的點點。

  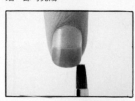 

   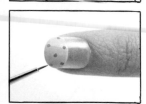

使用工具：彩色凝膠／萊姆綠（白色＋黃色＋藍色）、壓克力顏料／黃色

使用工具：彩色凝膠／珊瑚粉（紅色＋黃色＋裸膚色）、壓克力顏料／裸膚色（白色＋黃色）

使用工具：彩色凝膠／橘色（黃色＋紅色）、壓克力顏料／焦茶色（紅色＋黑色＋黃色）

使用工具：彩色凝膠／灰色（白色＋黑色）、壓克力顏料／粉紅色（白色＋紅色）

・先進行前置準備，塗刷底層凝膠＆使其硬化，再開始進行指甲彩繪。最後塗刷上層凝膠＆待其硬化後，拭除未硬化凝膠，完成！
・標示「塗刷兩次後使其硬化」，意謂塗刷第一次後硬化；塗刷第二次後，再次硬化的程序。

各種設計的壓克力彩繪

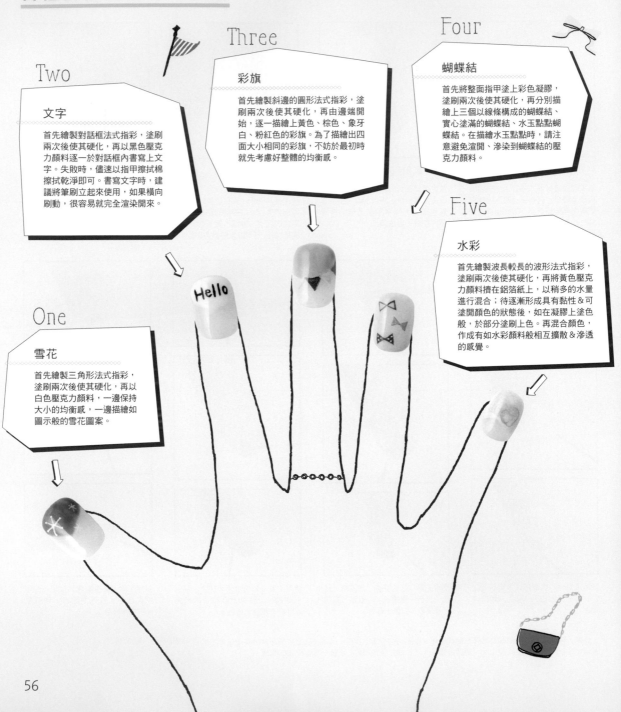

Two

文字

首先繪製對話框法式指彩，塗刷兩次後使其硬化，再以黑色壓克力顏料逐一於對話框內書寫上文字。失敗時，儘速以指甲擦拭棉擦拭乾淨即可。書寫文字時，建議將筆刷立起來使用，如果橫向刷動，很容易就完全渲染開來。

Three

彩旗

首先繪製斜邊的圓形法式指彩，塗刷兩次後使其硬化，再由邊端開始，逐一描繪上黃色、棕色、象牙白、粉紅色的彩旗。為了描繪出四面大小相同的彩旗，不妨於最初時就先考慮好整體的均衡感。

Four

蝴蝶結

首先將整面指甲塗上彩色凝膠，塗刷兩次後使其硬化，再分別描繪上三個以線條構成的蝴蝶結、實心塗滿的蝴蝶結、水玉點點蝴蝶結。在描繪水玉點點時，請注意避免渲開、滲染到蝴蝶結的壓克力顏料。

Five

水彩

首先繪製波長較長的波形法式指彩，塗刷兩次後使其硬化，再將黃色壓克力顏料擠在鋁箔紙上，以稍多的水量進行混合；待逐漸形成具有黏性＆可塗開顏色的狀態後，如在凝膠上塗色般，於部分塗刷上色。再混合顏色，作成如水彩顏料般相互擴散＆滲透的感覺。

One

雪花

首先繪製三角形法式指彩，塗刷兩次後使其硬化，再以白色壓克力顏料，一邊保持大小的均衡感，一邊描繪如圖示般的雪花圖案。

One 1

 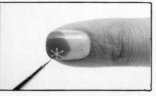 

使用工具：彩色凝膠／珊瑚藍（藍色＋裸膚色）、壓克力顏料／白色

Two 2

Point!

塗刷失敗時，只要以卸甲棉浸泡凝膠清潔液，再進行擦拭清除即OK！

使用工具：彩色凝膠／白色、壓克力顏料／黑色

Three 3

使用工具：彩色凝膠／薄荷色（藍色＋裸膚色）、壓克力顏料／黃色・棕色（紅色＋黑色＋黃色）・象牙白（白色＋裸膚色＋黃色）・粉紅色（白色＋紅色）

Four 4

使用工具：彩色凝膠／原色（黃色＋裸膚色）、壓克力顏料／紅色・天空藍（白色＋藍色）・白色

Five 5

Point!

以較多的水量調稀顏料之後，如水彩顏料般使用。

使用工具：彩色凝膠／米白色（白色＋裸膚色）、壓克力顏料／黃色・黃綠色（黃色＋藍色）

・先進行前置準備，塗刷底層凝膠＆使其硬化，再開始進行指甲彩繪。最後塗刷上層凝膠＆待其硬化後，拭除未硬化凝膠，完成！
・標示「塗刷兩次後使其硬化」，意謂塗刷第一次後硬化；塗刷第二次後，再次硬化的程序。

Technique **3** 美甲飾品的應用彩繪

所謂的美甲飾品

水鑽、貝殼片、雷射亮片、亮蔥粉、鉚釘、電鍍珠⋯⋯

配置在彩色凝膠上方的裝飾皆稱為美甲飾品，

也可以貼上美甲貼，或黏上真正的鑽石。

就連不形於色的法式指彩，只要點綴上一個美甲飾品，

整體氛圍就會轉化成亮眼出色的感覺。

飾品的搭配選擇，不妨多方面嘗試喔！

Art Parts Nail

Basic 基本的鉚釘彩繪

Start

進行前置準備後，塗刷上底層凝膠＆使其硬化。

首先繪製圓形法式指彩，塗刷兩次後使其硬化。建議事先在預定添加美甲飾品處，塗上少量當作黏著劑使用的底層凝膠。

在黏接美甲飾品時，以木推棒沾取極少量底層凝膠來沾取飾品會比較方便。

只要從正中央開始配置飾品，就比較容易取得左右的平衡。

將全部的飾品配置完成，並靜置10秒左右使其暫時硬化。多一道暫時固定的步驟較為穩妥喔！

Finish

最後塗刷上層凝膠＆使其硬化。在飾品周圍，僅僅一小部分的區塊，塗刷上大量的上層凝膠。再將未硬化凝膠擦拭乾淨，即完成。

切勿過量塗刷上層凝膠！

為免美甲飾品無法取下，上層凝膠不要塗得太厚。如果塗得太厚，除了難以硬化之外，外觀也不好看。

使用工具：底層凝膠、彩色凝膠／藍色、美甲飾品／鉚釘（銀色）、上層凝膠、凝膠筆、木推棒

簡單的美甲飾品彩繪 ☆ ☆

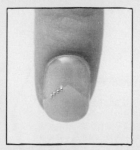

▷ 1 排列鉚釘

首先繪製三角形法式指彩，塗刷兩次後使其硬化，再以沾附底層凝膠的木推棒來黏取鉚釘，配置於線條的上方。排列放置4顆後，即完成。

▷ 2 綴滿貝殼片

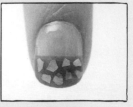

由於貝殼片本身有厚度，因此請預先考量使用上層凝膠進行塗層時的厚度；待繪製完法式指彩後，僅僅塗刷一道，使其硬化後，再以木推棒逐一配置上貝殼片。由於每片貝殼的大小不一，因此只要刻意不均勻地配置，即可營造出可愛的氛圍。為使表面呈現光滑感，最後再以上層凝膠進行塗層。

▷ 3 配置亮片

首先繪製蛋糕花邊法式指彩，塗刷兩次後使其硬化，再於蛋糕花邊的位置上，以木推棒將亮片逐一配置上去。

▷ 4 進行亮蔥粉法式指彩

將亮蔥粉與底層凝膠混和，以細筆畫線後，全面塗上法式指彩即完成。亮蔥粉的用量可依個人喜好自由調整。

Point!

混入亮蔥粉的透明凝膠預先調製＆裝於盒子中保存。

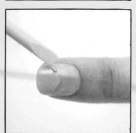

Point!

已塗刷亮蔥凝膠的筆刷是無法擦拭乾淨的，因此建議多準備一支亮蔥專用的彩繪筆（使用舊筆即可）。

Point!

塗刷上層凝膠前。由於貝殼片具有厚度，故以上層凝膠平滑呈現的目標進行塗層。

使用工具：彩色凝膠／粉紅色（白色＋紅色）、美甲飾品／鉚釘（金色）

使用工具：彩色凝膠／朱紅色（紅色＋黃色）、美甲飾品／貝殼片（藍色）

使用工具：彩色凝膠／象牙白（白色＋裸膚色＋黃色）、美甲飾品／亮片（銀色）

使用工具：底層凝膠、美甲飾品／亮蔥粉（純銀銀色）

• 先進行前置準備，塗刷底層凝膠＆使其硬化，再開始進行指甲彩繪。最後塗刷上層凝膠＆待其硬化後，拭除未硬化凝膠，完成！
• 標示「塗刷兩次後使其硬化」，意謂塗刷第一次後硬化；塗刷第二次後，再次硬化的程序。

各式各樣的美甲飾品

Three

鉚釘蝴蝶結＆亮蔥粉線條

首先繪製筆直線法式指彩，塗刷兩次後使其硬化，再將金色亮蔥粉與底層凝膠混合之後，於法式指彩的線條上畫線。請不要一次畫完，而是慢慢地逐一完成。以金色鉚釘繪製蝴蝶結時，為了避免脫落，請事先暫時硬化10秒左右。而依鉚釘的厚度塗刷上層凝膠時，可能會有產生氣泡的狀況，因此務必在硬化之前，仔細戳破氣泡。

Four

各種不同的蝴蝶結

將整片甲面塗刷上彩色凝膠，塗刷兩次後使其硬化，再以金色亮片製作蝴蝶結＆將銀色亮蔥粉與底層凝膠混合後，描繪出蝴蝶結。再於亮蔥粉蝴蝶結的上方，配置上銀色的亮片即完成。

Two

以亮片勾勒出圓形圖案

將整片甲面塗刷上彩色凝膠，塗刷兩次後使其硬化，再由外側開始，均勻地配置上亮片，勾勒出圓形的圖案＆以亮片創作出線條狀的圓形。不同顏色的亮片亦可混和，並請一邊思考完成的大小，一邊逐一配置上去。

Five

鑲嵌美甲飾品

首先繪製六角形法式指彩，塗刷兩次後使其硬化，再依大片方形亮片、小片圓形亮片的順序，逐一配置上去。鑲嵌美甲飾品時，只要把握由大至小依序配置的原則，就比較容易維持均衡感。

One

以亮片創作點點普普風

首先繪製圓形法式指彩，塗刷兩次後使其硬化。以各種不同顏色的亮片來創作點點時，請避免將相同色彩的亮片配置於鄰近處，多費心思地均勻配置後即完成。

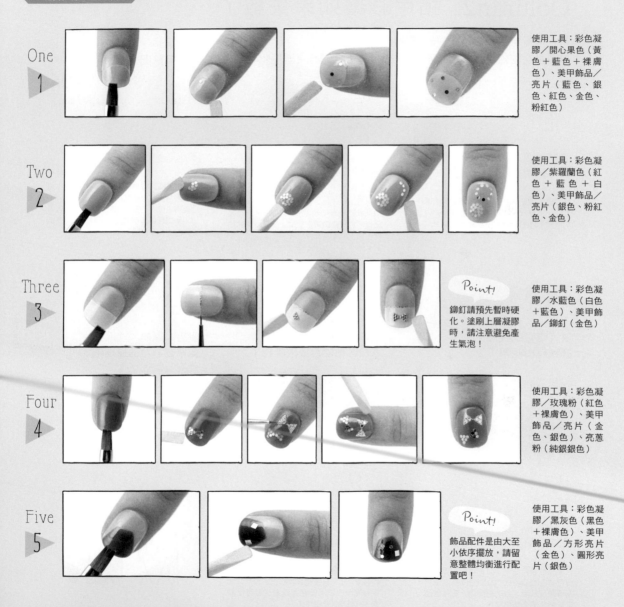

One 1 使用工具：彩色凝膠／開心果色（黃色＋藍色＋裸膚色）、美甲飾品／亮片（藍色、銀色、紅色、金色、粉紅色）

Two 2 使用工具：彩色凝膠／紫羅蘭色（紅色＋藍色＋白色）、美甲飾品／亮片（銀色、粉紅色、金色）

Three 3 使用工具：彩色凝膠／水藍色（白色＋藍色）、美甲飾品／鉚釘（金色）

Point!

鉚釘請預先暫時硬化。塗刷上層凝膠時，請注意避免產生氣泡！

Four 4 使用工具：彩色凝膠／玫瑰粉（紅色＋裸膚色）、美甲飾品／亮片（金色、銀色）、亮蔥粉（純銀銀色）

Five 5 使用工具：彩色凝膠／黑灰色（黑色＋裸膚色）、美甲飾品／方形亮片（金色）、圓形亮片（銀色）

Point!

飾品配件是由大至小依序擺放，請留意整體均衡進行配置吧！

• 先進行前置準備，塗刷底層凝膠＆使其硬化，再開始進行指甲彩繪。最後塗刷上層凝膠＆待其硬化後，拭除未硬化凝膠，完成！
• 標示「塗刷兩次後使其硬化」，意謂塗刷第一次後硬化；塗刷第二次後，再次硬化的程序。

Column2: 指甲彩繪如果失敗了……

第一次嘗試DIY光療指甲時，失敗總是免不了的！
只要是在硬化之前，都有可能進行修正；但倘若已完全硬化時……就請進行卸除吧！

1

**塗刷凝膠
超出範圍了！**

以木推棒或牙籤，自靠近指甲的內側進行去除。大量＆大面積地超出範圍時，則以浸泡卸甲液的指甲擦拭棉擦拭乾淨。

2

**表面呈現
凹凸不平的狀態！**

狀況發生在硬化之前，不妨以筆刷撫平，或以凝膠清潔液一次擦拭乾淨。就算是硬化後，也可藉由再次塗刷上表層凝膠的動作，使表面變得光滑平順。

3

不小心塗得太厚了！

以筆刷沾取多餘的凝膠，將表面刷平；或以凝膠清潔液擦拭乾淨，再重新塗刷。一旦塗得太厚，恐會造成剝離或裂開。若甲面上無斑駁或顏色殘留，最好盡可能避免重新塗刷。

4

**法式指彩的線條失敗，
塗到超出範圍了！**

以凝膠清潔液擦拭後，重新塗刷上色；或以凝膠的筆刷，自法式指彩的外側沾取超出範圍的凝膠，以利進行修正。亦可嘗試利用超出的線條來繪製成其他的法式指彩，也是不錯的創意喔！

5

**還沒開始硬化，
就和其他彩色凝膠疊色了！**

以凝膠清潔液拭除，或直接以筆刷混合凝膠，試著創作出大理石花紋也是不錯的選擇喔！如圓形雙法式指彩等，需要堆疊色彩的法式指彩最好每塗一色就進行一次硬化。

6

**壓克力顏料
竟然在彩繪的過程中
就完全凝固了！**

建議以凝膠清潔液擦拭乾淨。壓克力顏料一旦凝固，就完全無法加水稀釋，也不能與其他顏色進行調和。因此請儘快完成指甲彩繪。

7

**美甲飾品
擺錯位置了！**

只要是在硬化之前，以木推棒等工具來修正位置都是OK的！如果已經完全硬化，則可進行卸除，或試著點綴上其他飾品，重新變化成全新的設計。

8

**雖然完成了，但總覺得
指甲彩繪效果不如預期！**

不妨試著配置上美甲飾品，或以壓克力顏料描繪花樣！只要稍微點綴上彩繪，印象就會完全改觀。即便如此還是覺得不滿意，就直接卸除吧！

Chapter 3
體驗季節感樂趣的12月主題美甲設計

April

4

May
5

由拇指到小指，彩繪成淡淡的粉紅色漸層。在無名指的正中央，以金色鉚釘作出蝴蝶結。

其中三指繪製裸膚色＆黃色的三角形法式指彩，並配置上金色鉚釘＆亮蔥粉。剩餘的兩指則繪製裸膚色的筆直線法式指彩，並以加水稀釋的壓克力顏料，描繪一連串的方形花樣。

以層層堆疊般的技巧進行變形法式指彩的繪製。使其硬化一次之後，繪製三角帽與小圓球，再以壓克力顏料描繪格紋。

三指整片塗刷上玫瑰粉色，剩餘兩指則整片塗刷上珊瑚粉色，再以壓克力顏料分別描繪花朵＆緞帶的圖案。

整體塗上作為底色的米白色，其中三指再繪製上變形的蛋糕花邊法式指彩，並於蛋糕花邊上方配置白色亮片＆以壓克力顏料繪製花朵圖案。

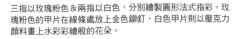

三指以玫瑰粉色＆兩指以白色，分別繪製圓形法式指彩。玫瑰粉色的甲片在線條處放上金色鉚釘，白色甲片則以壓克力顏料畫上水彩彩繪般的花朵。

May 5 月的指甲彩繪

除了中指之外的四指，皆整片塗刷上綠色，僅拇指在前緣處塗上灰色，中指則塗上綠色＆灰色的筆直線法式指彩。最後再分別放上黑色亮片，並以壓克力顏料繪製花朵。

使用以壓克力膠彩稀釋過的淡橘色、黃色、藍色，分別繪製成三角形、四角形、筆直線法式指彩，完成輕柔質感的指甲彩繪。

除了食指塗刷白色之外，其餘四指皆塗刷上較沉穩的黃色＆綠色。食指放上凝固的凝膠，剩餘四指則以白色亮片勾勒出圓形的花樣。

使用以壓克力膠彩稀釋過的白色、綠色、棕色，一邊細緻地描繪小草般的花樣，一邊塗刷整體，繪製法式指彩。最後再以白色壓克力顏料畫上線條，並配置上金色鉚釘。

繪製以水藍色＆黃綠色塗刷整體的法式指彩。再分別以壓克力顏料的白色＆橘色描繪花樣，配置上白色亮片＆點綴上吸睛的水晶貼鑽。

將整體塗刷上綠色後，以筆尖塗上黃綠色或黃色，繪製出大致的花樣輪廓。再以白色壓克力顏料描繪花朵，並配置上裁剪成方形的金色亮片。

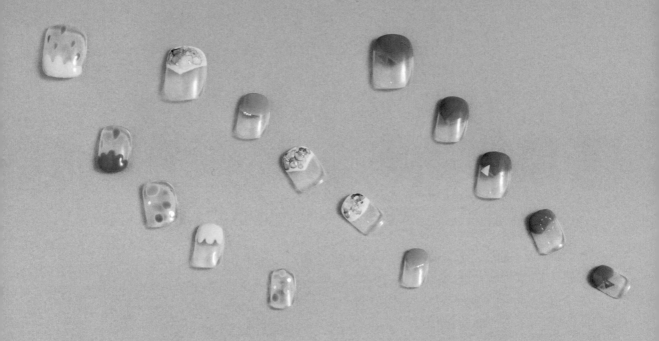

June

6

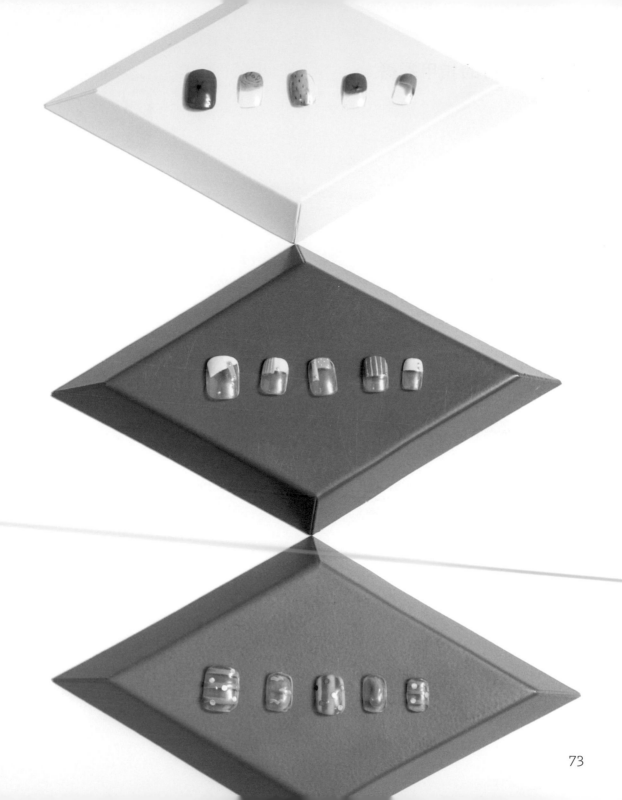

於甲根或甲尖處，以橘色＆黃色繪製波浪花樣的法式指彩。並以藍色＆水藍色描繪點點與水滴，再將銀色的亮片均勻的放置在中指與小指上。

取三指繪製白色三角形法式指彩，剩餘兩指則繪製綠色的圓形法式指彩。在白色甲片上以藍色＆紫色的壓克力顏料進行水彩彩繪後，隨機描繪上點點。再將整體配置上銀色亮蔥粉、鉚釘、亮片。

先繪製藍色的三角形法式指彩，再以壓克力顏料繪製上三角形圖樣。全面塗刷或僅僅描框、隨機描繪為此作品的設計關鍵。無名指則另以白色壓克力顏料繪製圓形輪廓虛線。

兩指以銀色亮蔥粉漸層塗刷全體，剩餘三指則整體塗刷白色，再以銀色亮蔥粉畫出細線＆以銀色鉚釘排列出三角形。

取三指以藍色壓克力顏料繪製水彩彩繪風格的法式指彩，並以亮片＆鉚釘製作花朵。剩餘兩指則將整體塗刷白色之後，再以壓克力顏料的紫色、藍色、黃色等，以水彩彩繪技巧隨意畫出點點花樣。

先將體塗上橘色之後，其中三指以綠色＆藍色繪製橫紋色塊。再分別以白色壓克力顏料描繪線條，並配置上黑色亮片。

將黃色、藍色、綠色、橘色、紅色進行組合，繪製法式指彩。再在無名指上以白色壓克力顏料描繪蝴蝶結＆放上銀色鉚釘。

取三指以珊瑚橘色繪製圓形法式指彩，並以壓克力顏料畫出太陽的臉部表情；剩餘兩指則以藍色＆白色繪製大理石花紋法式指彩。

取三指全體塗刷上白色，並以壓克力顏料描繪方形的圖樣，剩餘兩指則分別在縱向的左右兩半邊上各自塗上黃色＆藍色。

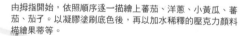

由拇指開始，依照順序逐一描繪上蕃茄、洋蔥、小黃瓜、蕃茄、茄子。以凝膠塗刷底色後，再以加水稀釋的壓克力顏料描繪果蒂等。

以黃色、黃綠色、水藍色、橘色組合法式指彩。再以白色壓克力顏料描繪直條紋或點點，並配置上鉚釘。

取兩指繪製綠色的橫條紋，一指繪製黃色的直條紋，剩餘兩指則繪製海鷗＆帆船。並在拇指＆小指上配置黃色亮片，中指上則配置藍色亮片。

Column3: 以壓克力顏料彩繪圖案

在小小的畫布上延伸變化的好有趣彩繪！

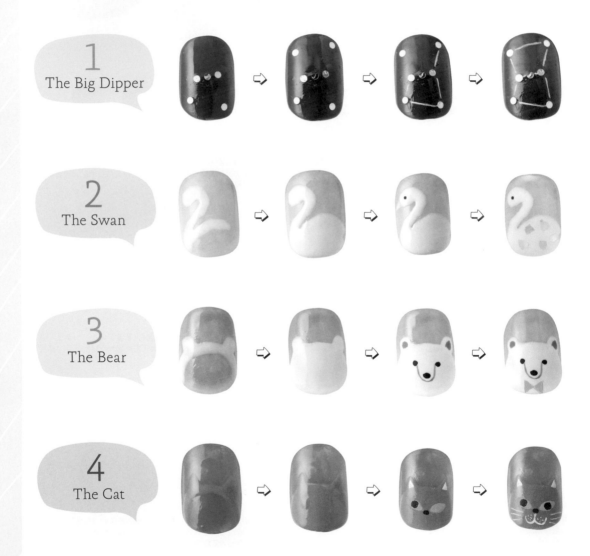

1 The Big Dipper

2 The Swan

3 The Bear

4 The Cat

5
The Butterfly

6
The Fish

7
The Bird

8
The Fried egg

9

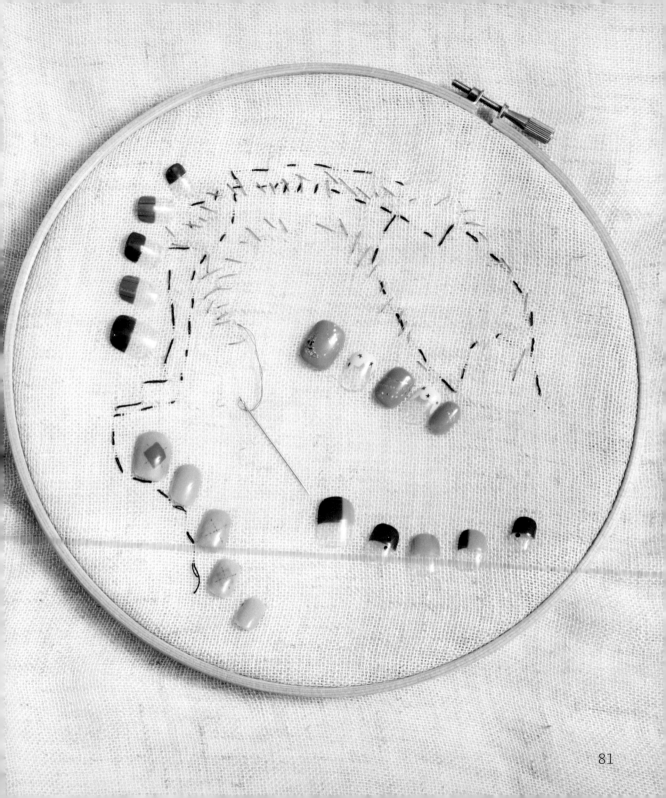

以紅色繪製圓形法式指彩，並以壓克力顏料的藍色、粉紅色、黃色等，均勻地描繪上線條或點點。

取兩指繪製上如以奶油蘇打為概念的泡泡感法式指彩，再取兩指將整體塗刷上黃綠色＆以白色繪製上泡泡般的點點，剩餘一指則將整體塗刷上白色＆以紅色繪製直條紋。

組合藍色、綠色、粉紅色、黑灰色色彩＆金色的大小亮片，繪製筆直線法式指彩，再將白色亮片配置在法式指彩上。

取三指以藍色繪製出變形的筆直線法式指彩，剩餘兩指則以白色繪製三角形法式指彩。再以壓克力顏料畫上線條＆配置上銀色鉚釘。

以藍色描繪出點點、小魚＆以桃紅色繪製海星，再以壓克力顏料描繪出海帶芽、小魚、海星的臉部表情。

搭配組合橘色、黃綠色、黃色、紫色，繪製出四角形法式指彩。再擺置上黑色、白色、銀色亮片＆金色鉚釘。

September 9 月的指甲彩繪

以葡萄酒色＆灰色，各繪製兩指斜面的圓形法式指彩。剩餘一指則整體塗刷上白色，再以壓克力顏料描繪格紋＆繞圈圈的捲捲綿羊。

將整體塗刷上紫棕色，再以紫色壓克力顏料描繪葡萄＆以綠色描繪藤蔓，並於葡萄＆藤蔓上方配置亮片。

以暗海軍藍＆粉紅色，繪製筆直線法式指彩。再在粉紅色甲片上，以壓克力顏料描繪直條紋花樣＆在暗海軍藍甲片上，放置金色鉚釘。

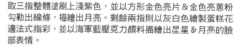

取三指整體塗刷上淺紫色，並以方形金色亮片＆金色亮蔥粉勾勒出線條，描繪出星亮。剩餘兩指則以灰白色繪製蛋糕花邊法式指彩，並以海軍藍壓克力顏料描繪出星星＆月亮的臉部表情。

先將整體塗刷上裸膚色，中指以黃綠色繪製鏤空菱形格紋，再以橘色＆水藍色各自繪製菱形，並以灰色壓克力顏料畫出車縫線條。

組合酒紅色、黃綠色、灰色色塊，繪製筆直線法式指彩，再配置上黑色亮片。

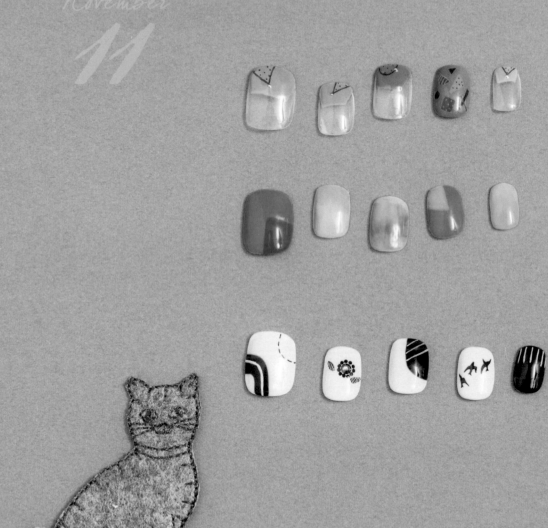

取三指以藍色繪製傾斜的圓形法式指彩，剩餘兩指則整體塗刷上海軍藍。再以金色亮片、亮蔥粉、白色壓克力顏料，描繪出星座＆星星。

以綠色繪製變形法式指彩，再從其上方以白色或藍色堆疊上細圓形法式指彩。並於無名指上配置金色的鉚釘；於拇指上以凝膠彩繪貓頭鷹的身體與臉部＆以壓克力顏料描繪翅膀、鳥喙與眼睛。

除了無名指之外的四指，皆整體塗刷上白色；無名指則繪製上黑貓造型的法式指彩。再以黑色壓克力顏料描繪蜘蛛＆以白色描繪貓咪的臉。

將整體塗刷上藍色，並以壓克力顏料的白色描繪星座＆以黃色描繪星星和月亮，再配置上圓形或四方形的金色亮片。

以紅色＆黃色形成漸層，描繪蘋果，再以棕色壓克力顏料添上果蒂。

取三指將整體塗刷上藍色，並於上半部配置上白色亮片。剩餘兩指則以水藍色繪製圓形法式指彩，並以壓克力顏料描繪蝴蝶結。

除了無名指之外的四指，皆以橘色＆裸膚色繪製六角形法式指彩；無名指則將整體塗上灰褐色。再以壓克力顏料描繪花樣，並放上金色的鉚釘。

取兩指將整體塗刷橘色，剩餘三指則整體塗上黃色。再以水藍色＆紅色，層層疊放法式指彩或形成漸層，塑造出無規則性的設計。

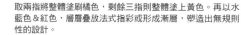

除了小指之外的四指，皆將整體塗刷白色；小指則整體塗上黑色。堆疊黑色法式指彩後，以壓克力顏料的黑色描繪花朵或花樣＆以白色畫出線條。

取兩指將整體塗刷上粉裸色，剩餘三指則繪製三角形法式指彩。再以白色壓克力顏料描繪樹木，並配置各種不同顏色的亮片。

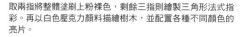

取三指整體塗刷上棕色，剩餘兩指則整體塗上淺棕色。再以黃色＆鉚釘、水鑽，創作出以蜻蜓為概念的圖案。

除了中指為雙色拼接之外，整體皆各自塗刷上白色或綠色。並以銀色鉚釘，如排列成圓形般的進行配置。

Column4：有趣的美甲飾品

美甲飾品的定義，因創意而變得更加饒富趣味！

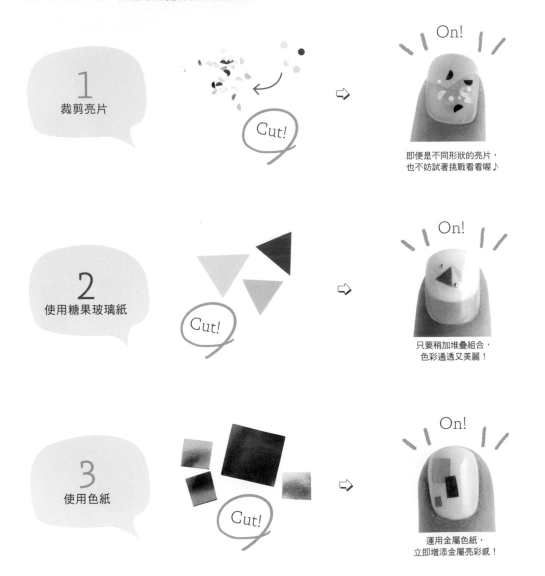

1 裁剪亮片
Cut!
On!
即便是不同形狀的亮片，
也不妨試著挑戰看看喔♪

2 使用糖果玻璃紙
Cut!
On!
只要稍加堆疊組合，
色彩通透又美麗！

3 使用色紙
Cut!
On!
運用金屬色紙，
立即增添金屬亮彩感！

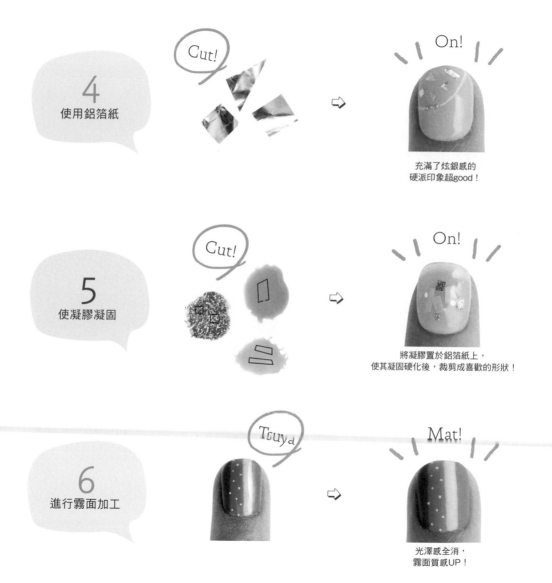

4
使用鋁箔紙

Cut!

On!

充滿了炫銀感的
硬派印象超good！

5
使凝膠凝固

Cut!

On!

將凝膠置於鋁箔紙上，
使其凝固硬化後，裁剪成喜歡的形狀！

6
進行霧面加工

Tsuya

Mat!

光澤感全消，
霧面質感UP！

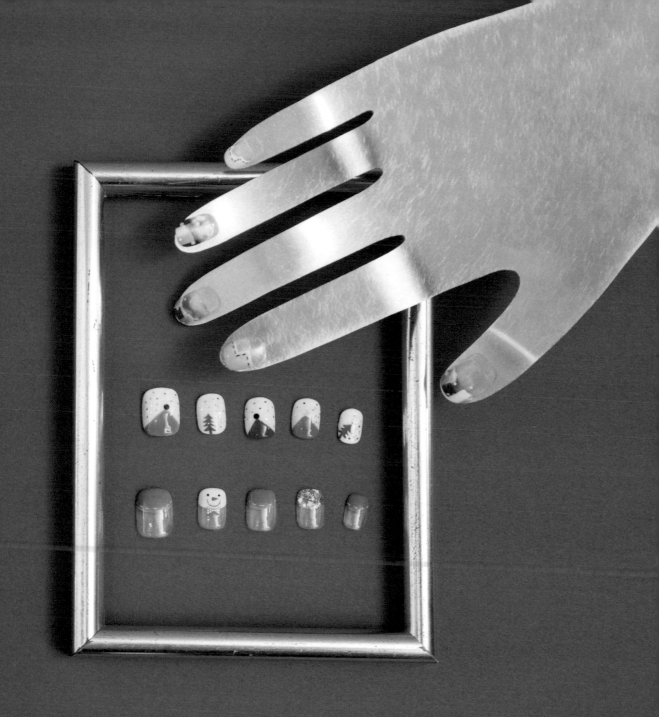

January

1

分別將半邊指甲、指甲前緣或整片指甲塗刷上葡萄酒色或白色，再均勻地配置上鉚釘＆水晶貼鑽等美甲飾品。

將整體塗刷上海軍藍，再以壓克力顏料的綠色、棕色、黑色，描繪樹木或葉片，並放上棕色的六角形亮片。

將整體塗刷上象牙白後，於拇指＆中指上以白色繪製三角帽。再以壓克力顏料描繪彩旗、線條、星星、帽子的花樣，並配置上銀色亮片。

以黃綠色、白色、紅色繪製變形式法式指彩。再放上白色亮片，並以棕色壓克力顏料畫上車縫線條。

整體塗刷上白色後，以藍色、紅色、橘色繪製三角帽。再以壓克力顏料描繪聖誕樹（冷杉），以粉紅色、黃色、水藍色描繪出花樣，並配置上金色＆銀色的亮片。

除了無名指以金色亮蔥粉繪製圓形式法式指彩，並配置上金色的亮片之外，其餘皆以綠色或白色繪製圓形式法式指彩。綠色甲片上以白色壓克力顏料畫出車縫線條，食指則以雪人為概念來進行描繪，並以金色的鉚釘繪製蝴蝶結。

取三指以淺棕色繪製圓形法式指彩，剩餘兩指則整體塗上銀色亮蔥粉。再以白色亮片作為點點＆以白色壓克力顏料描繪杉木。

以紫色或金色亮蔥粉交織出圓形法式指彩。堆疊上金色亮蔥粉的線條，並以白色壓克力顏料描繪星星。

整體塗刷上橘色、白色、灰色。以黑色亮片呈現出點點普普風，再以黑色壓克力顏料描繪出蜜柑表皮的疙瘩＆以綠色描繪果蒂。

以白色、灰色、黑灰色繪製圓形雙法式指彩，再以壓克力顏料的黑色＆白色描繪花樣。

整體塗刷上白色＆藍灰色。再以白色壓克力顏料描繪冰柱＆以水彩彩繪般的水藍色、銀色亮蔥粉來描繪點點，並配置上銀色鉚釘。

整體塗刷上米白色，再以紫色、藍色、粉紅色、黃色進行水彩彩繪般的壓克力顏料混色＆描繪出花樣，並配置上金色鉚釘。

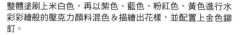

February

2

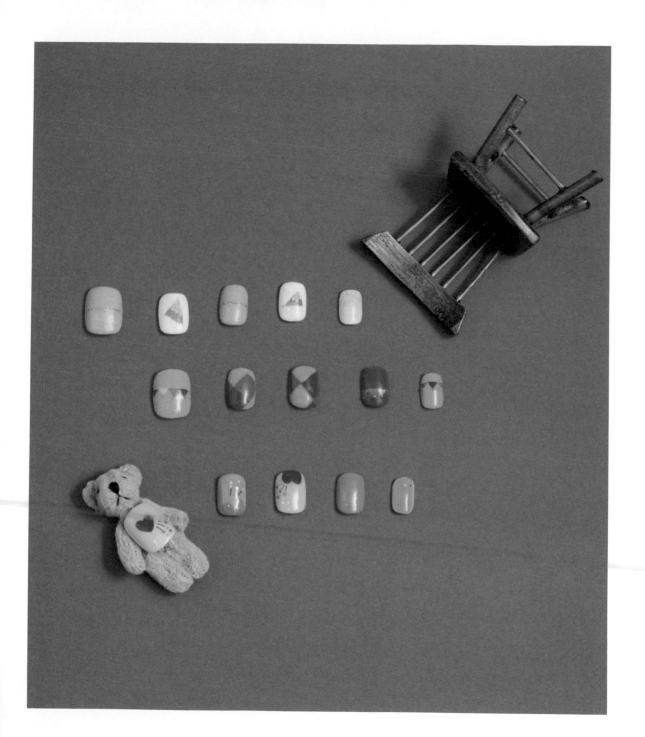

March

100

101

取兩指作成玫瑰粉色的圓形法式指彩,中指則繪製白色對話框法式指彩。剩餘兩指以黃色畫出男孩&女孩的髮型之後,再以壓克力顏料描繪出臉部、蝴蝶結、領結、愛心等圖案。

食指&小指整體塗刷上粉裸色,甲根處配置上金色的鉚釘。拇指&中指繪製粉紅色與白色的大理石花紋,並以壓克力顏料的白色描繪花樣。無名指則以金色亮蔥粉作出漸層感。

整體塗刷上裸膚色&棕色之後,以巧克力往下流淌的概念,在拇指&小指上繪製變形的法式指彩。再以壓克力顏料描繪湯匙的插圖,並放上以棕色凝膠製成的巧克力&配置上方形亮片。

整體塗刷上薄薄的粉紅色或白色,但僅在食指&無名指正中央處鏤空保留不塗色。再以金色亮蔥粉畫出線條&配置上鉚釘,以壓克力顏料的水藍色&粉紅色描繪花樣,並於小指的指甲前緣繪製水彩風的大理石花紋法式指彩。

整體塗刷上裸膚色或紅色。以紅色、紫色、黃色堆疊出方塊圖案,再以壓克力顏料描繪彩旗,並配置上金色鉚釘。

整體塗刷上白色、粉紅色、灰色,再堆疊上紅色&粉紅色的愛心,以黑色壓克力顏料與亮片描繪花樣。

March 3 月的指甲彩繪

取三指繪製粉紅色、黃色、白色的點點普普風法式指彩,剩餘兩指繪製粉紅色的淺淺的圓形法式指彩。並以壓克力顏料的白色＆黃色描繪蝴蝶,再配置銀色亮片。

整體塗刷上淺裸膚色後,拇指＆小指以大小黑色亮片組成點點圖案,剩餘三指則以壓克力顏料＆金色亮片描繪獅子。

取兩指整體塗刷上暗裸膚色,剩餘三指則添加紫色＆黃色,作成大理石花紋法式指彩。最後再配置貝殼片＆銀色亮片。

以淺橘色＆水藍色繪製半月型反法式指彩,再以白色壓克力顏料描繪蝴蝶結,並配置銀色的亮片。

取沉穩色彩進行組合,以四角形法式指彩層層堆疊進行繪製,再以米白色壓克力顏料畫出法式指彩的線條。

除了無名指之外,其餘四指以芥末黃、綠色、橘色、紫色、粉紅色各自堆疊放色塊,繪製筆直線法式指彩。無名指則以銀色亮蔥粉形成筆直線法式指彩,最後再配置上銀色鉚釘。

Column5：簡單的手部按摩

這是進行凝膠指甲前後＆日常生活中皆可使用的按摩方法。
只要消除浮腫，使血液循環變得良好，就能養成更惹人憐愛的纖纖玉手。

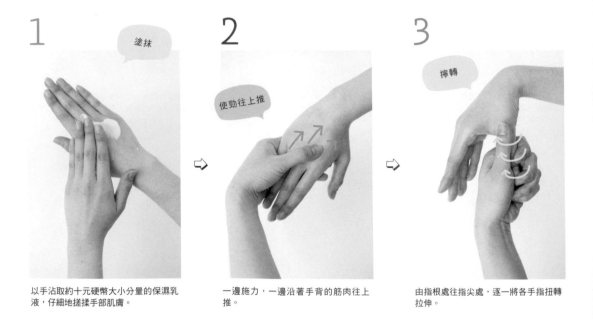

以手沾取約十元硬幣大小分量的保濕乳
液，仔細地搓揉手部肌膚。

一邊施力，一邊沿著手背的筋肉往上
推。

由指根處往指尖處，逐一將各手指扭轉
拉伸。

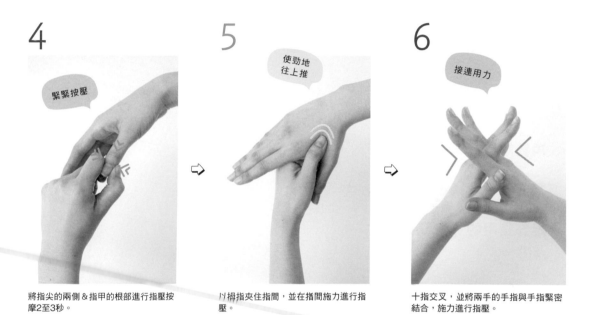

4

緊緊按壓

將指尖的兩側＆指甲的根部進行指壓按
摩2至3秒。

5

使勁地
往上推

以拇指夾住指間，並在指間施力進行指
壓。

6

接連用力

十指交叉，並將兩手的手指與手指緊密
結合，施力進行指壓。

Chapter **4**
足部指甲彩繪的樂趣

足部指甲彩繪的樂趣

手指尖一旦變得可愛，
自然也想讓雙腳變得可愛啊！
足部指甲彩繪沒有場合的限制，
即便是辦公室NG、太過招搖醒目的指甲彩繪、
有點兒不太適合自己的華麗色彩、
在足部指甲上畫滿了插圖……
只要穿上鞋子，看不到腳尖通通OK！
請盡情享受自己喜愛的彩繪樂趣，
若想要炫耀一番時，就穿上露趾鞋出門吧♪

⇨ P.113

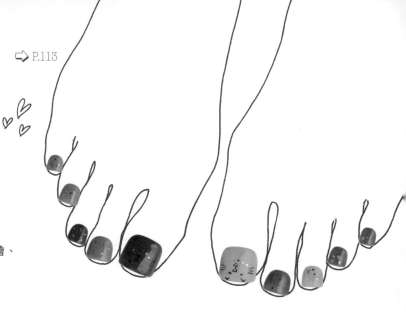

角質護理&按摩

因下肢發冷或浮腫造成血液循環不良，
角質長期累積後，形成了粗糙的腳後跟。
在體驗足部指甲彩繪的樂趣時，
若你期待能夠造型出健康而美麗的腳尖，
角質護理&按摩
將是足部指甲彩繪過程不可欠缺的重要程序。

⇨ P.112

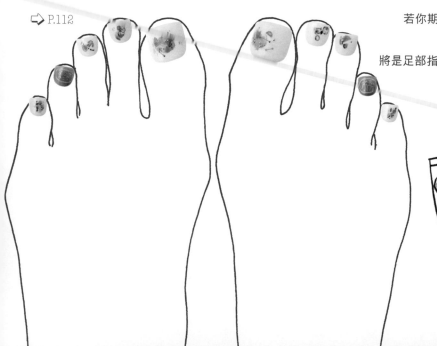

角質護理 &
前置準備

首先，調整足部的狀態。利用足浴浸泡來軟化角質或甘皮，以便事先清除乾淨。

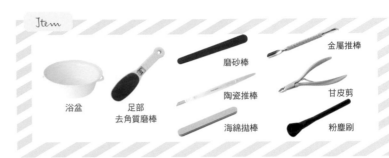

Item

浴盆

足部
去角質磨棒

磨砂棒

陶瓷推棒

海綿拋棒

金屬推棒

甘皮剪

粉塵刷

角質護理

布滿角質的粗糙足部無法進行彩繪，請先清除角質吧！

 **以熱水浸泡
來軟化角質**

在浴盆（足浴盆或洗臉盆也OK）中注入熱水，雙腳放入水中至腳踝處，浸泡至角質軟化為止。

 銼磨腳後跟

以足部磨板的細面進行銼磨，去除角質。請手持足部磨板保持垂直，以整片磨砂面銼磨腳後跟。

**請避免以足部
去角質磨棒過度銼磨！**

若使用足部去角質磨棒的粗糙面，用力銼磨過度，恐有傷害肌膚之虞。因此請一邊確認硬皮角質的狀況，一邊來回進行銼磨。

 銼磨腳趾間相連處

一旦穿著高跟鞋等有高度的鞋款，腳掌就會容易長繭變硬，腳趾間相連部位的摩擦也隨之增加。請以硬皮處為中心，往肌膚的柔軟處進行銼磨，力道不宜過大。

**以乳霜
進行保濕**

若接下來將進行足部凝膠指甲時，請不要塗抹乳霜，直接進入前置準備作業！不作足部凝膠指甲時，則先進行按摩效果較佳（P.111）。

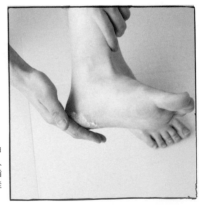

前置準備工作

足部的準備方法與手部相同。請舒適地坐下來，調整好身體姿勢再開始吧！

1 修剪足部指甲

由於足部指甲較硬，因此若能事先以足部指甲剪將腳指甲修整至一定長度，作業起來就會較為輕鬆。最後的微調則建議以磨砂棒來進行修整。

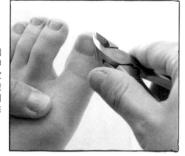

太小的小腳指甲，該怎麼修剪比較好呢？

雖然是小到令人擔心的小腳指甲，但視情況而定，有時也有可能半邊以上都被甘皮所包覆。注意不要修剪過多，以免傷害健康表皮，請輕輕平推將甘皮拋起。

小型的迷你磨砂棒方便又好用！

當所有的腳趾緊貼在一起時，只要備有迷你磨砂棒，就會非常方便。將一般的長磨砂棒摺半使用也OK。

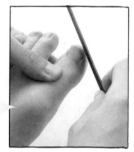

2 修整足部指甲的形狀&長度

以一隻手將腳趾分開來進行。請避免修磨成過彎的圓弧，此舉極可能是造成捲甲症等甲溝炎的原因。

3 將甘皮推起

由足部指甲前緣往甲根處，呈45度角推起。

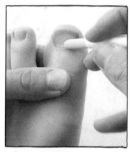

4 去除甲上皮角質

一邊以畫圓方式打轉陶瓷推棒，一邊呈45度角去除死皮。

5 拋磨甲面

一邊朝單一方向動作，一邊將足部指甲全體進行拋磨。

輕拋足部指甲表面的細紋，作出光滑亮澤感！

就甲面上的細紋而言，足部指甲要比手指甲還多。因此建議先以海綿拋棒進行直向拋磨，將足部指甲整體拋出光滑亮澤感。

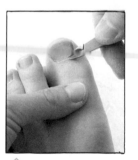

6 修剪甘皮

以甘皮剪進行甘皮修剪。

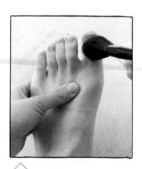

7 掃除塵屑

以粉塵刷掃除塵屑。

足部指甲彩繪 & 按摩

待足部凝膠指甲完成後，再藉由足部按摩來進行保濕 & 促進血液循環，就完成了！

Item

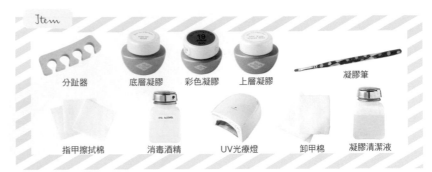

分趾器　　底層凝膠　　彩色凝膠　　上層凝膠　　凝膠筆

指甲擦拭棉　　消毒酒精　　UV光療燈　　卸甲棉　　凝膠清潔液

足部指甲彩繪

除了前置準備與手部相同，足部凝膠指甲的流程亦與手指相同。身體則請調整成容易塗刷的姿勢。

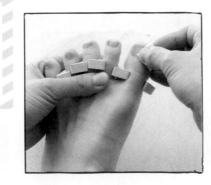

1 腳趾 & 足部指甲進行消毒

為了分開腳趾 & 予以固定，先加裝上分趾器。再以吸附消毒酒精的指甲擦拭棉，將腳趾 & 足部指甲擦拭乾淨，並進行消毒。

！ 只要備有分趾器，作業進行超順手！

在腳趾相鄰靠近的狀態下，將使凝膠不易塗刷。但只要以分趾器固定腳趾再進行塗刷，即可防止塗膠失敗。

2 塗刷底層凝膠

依手部指甲的相同方式，於塗刷凝膠時，距邊保留一根髮量的間隔。待塗刷完畢後，先使其硬化1次。

足部指甲側邊也請仔細塗刷。但若形成捲甲症時，將不利於塗刷，請小心進行。

3 塗刷彩色凝膠

彩色凝膠也是依手指甲的相同方式，塗刷兩次 & 使其硬化。由於腳拇趾的甲面較大，因此請避免塗得太厚 & 色斑產生。

側面也確實塗刷，但不要超出指面範圍。

4 塗刷上層凝膠，使其硬化。

塗刷上層凝膠後，使其硬化。施作足部凝膠指甲時，只要拆下UV（LED）燈的底座，再將光療燈罩在足部上使其硬化即可，使用起來相當便利。

將凝膠清潔液吸附於卸甲棉上，擦拭清除未硬化凝膠。只要光澤確實出現，就大功告成了！

足部按摩

從足部到腳踝處的簡單按摩法。若想消除疲勞時，建議可定期持續進行。

1 沾取 保濕乳霜

沾取略大於十元硬幣的保濕乳霜用量，置於兩手掌心中溫熱。

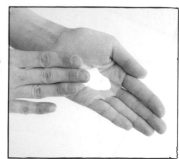

beautiful foot

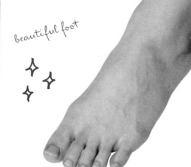

2 搓揉乳霜使之融入足部

從腳尖處開始，以乳霜搓揉滋養整個足部。用量太多時，不妨延伸按摩至小腿肚。

3 沿著肌腱之間往下壓

沿著腳背上的肌腱之間，往腳趾方向推去。在此可稍微加強力道。

4 按壓趾間

將姆指夾於腳趾間，使勁地在腳趾之間進行指壓。此方法有益於血液循環。

5 將腳底往上壓

由腳底的足弓附近開始，沿著腳趾頭方向，逐漸往上壓。在此可使勁地增加力道。

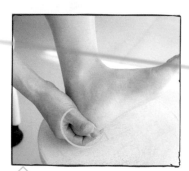

6 按摩腳後跟

彷彿包覆於手掌中般，進行腳後跟的按摩。

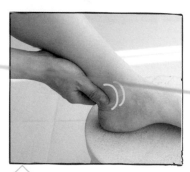

7 按摩腳踝

一邊以手指在腳踝凹陷處進行指壓，一邊按摩腳踝處。

足部指甲的彩繪範例

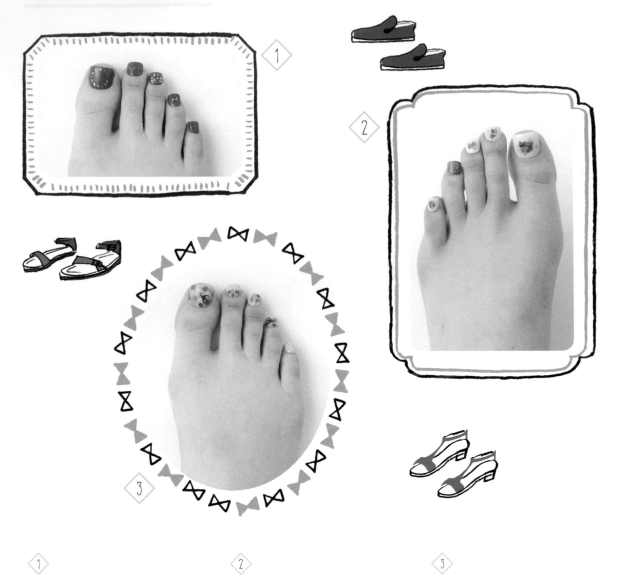

將整體塗刷上玫瑰粉色後，拇指以貝殼片＆鉚釘排列出圓形，食指放上鉚釘，中指放上貝殼片，無名指以三角鉚釘作成蝴蝶結，小指則以金色亮蔥粉畫出線條。

拇指＆中指整體塗上白色，食指＆小指整體塗上米白色，無名指則整體塗上灰色。再以加水稀釋的壓克力顏料描繪色彩繽紛的花樣，並點綴上金色鉚釘作為特色。無名指則以白色壓克力顏料描繪的圓為中心，塗上銀色的璀璨凝膠。

以橘色、黃色、裸膚色作出點點風格的彩繪設計。食指＆中指先將整體塗上裸膚色並進行硬化，小指則整體塗上薄荷色，再以壓克力顏料的海軍藍＆灰色，描繪小鳥、點點、樹木。

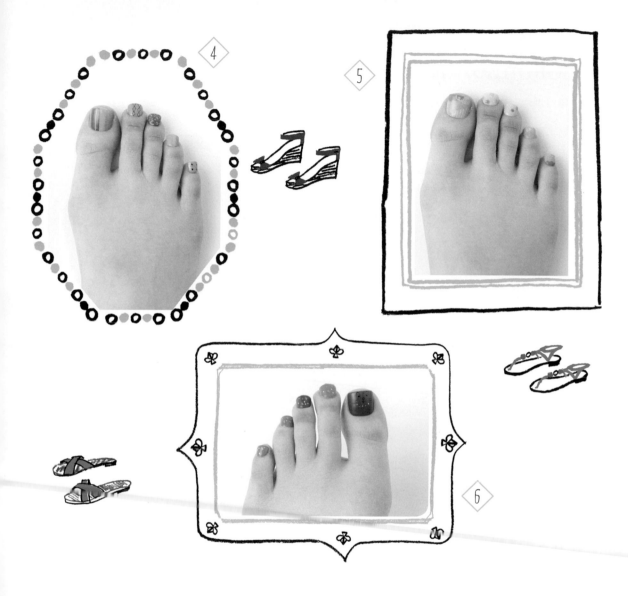

以深膚色、苔蘚綠、暗水藍色進行組合配色，塗刷於整體。再分別以金色的璀璨凝膠塗刷於甲面，以白色＆棕色壓克力顏料描繪花樣，將小指配置黑色亮片。

取三指整體塗刷上淺灰色，剩餘兩指整體塗刷上裸膚白。以粉紅色、綠色、紫色的凝膠，描繪蛋糕花邊法式指彩或點點圖案，並以白色壓克力顏料畫出線條。

取兩指整體塗刷上紫色，剩餘三指則整體塗刷上土耳其藍。拇指以黑色壓克力顏料描繪貓咪臉部，再以方形亮片作成項圈，並將剪半的亮片均勻地配置在剩餘的指甲上。

Column6: 推薦的保濕用品

指甲護理中最重要的步驟──就是保濕！

1

Lessmore造型霜

雖然是美髮造型霜，但由於是以100%天然有機成分製作而成，因此是一款頭髮、肌膚、指甲、嘴唇皆OK的萬能乳霜。Lessmore butter for styling 01 lavender／LIM

2

SPARITUAL
手足＆身體多功能按摩乳

作為手部護理的按摩乳，是一款擁有超高人氣的乳液。大量添加了植物精油。SPARITUAL CLOSE YOUR EYES ORGANIC MOISTURIZING LOTION／SPARITUAL

3

Scentsations
手霜身體乳

使肌膚變得柔嫩有彈性，濕潤感立即滲透開來。由於香味的種類豐富，因此亦可依當下氣氛選擇使用。Scentsations HAND & BODY Lotion Wildflower & Chamomile／CND

4

ETHICAL護手乳

由於吸收迅速且不黏稠，任何時候皆適用，是一款便利好用的天然有機護手乳，且奢侈地大量調配了六種植物精華＆植物油。ETHICAL ORGANIC ROS HAND CREAM／COLOURS INC.

5

AVOPLEX指緣滋養油

質地呈凝膠狀，不易滴落，攜帶也相當方便。感覺乾燥時，只要塗抹於甲根處，使其確實吸收，即有很好的效果。AVOPLEX CUTICLE OIL TO GO／OPI

・此圖示商品包裝可能會因廠商更新而與市售品不同的情況，請多加留意。

Chapter 5
一定要知道的凝膠指甲先備知識

修復（補缺）

補缺為修復（將指甲彩繪進行維修）的方法之一。指甲一旦變長，就會逐漸看見真甲的部分，此時就要塗上凝膠來進行修繕。該如何完美地消除真甲＆凝膠之間的差異為關鍵所在，只要知道這個技巧，就可以長久維持凝膠指彩的美麗。

 甲根處 出現顏色分歧了！

當指甲變長時，自然就會在甲根處出現顏色的分界線。進行填補其間空隙的技巧即稱為補缺。

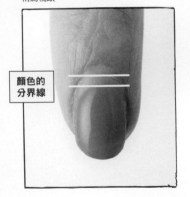

顏色的分界線

 2 **全面性地 拋磨甲面**

將凝膠指甲進行甲面拋磨，除去光澤感。此時為了消除甲根＆凝膠間分界限的段差，需進行修飾整平。請小心地拋磨甲面，以免傷害真甲。

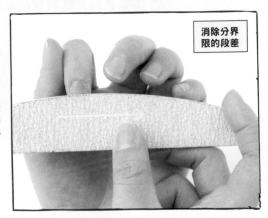

消除分界限的段差

3 **使光澤 消失不見**

如果修磨過度，恐有傷害真甲之虞。因此拋磨甲面至光澤消失的程度即可。

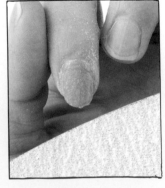

4 **修整指甲的長度＆形狀**

以指甲磨棒修整指甲的長度＆形狀。進行修磨時，建議將指甲磨棒朝單一方向移動進行修磨。

 進行前置準備

以金屬推棒將多餘的甘皮輕柔地
上推。

以甘皮剪小心地剪去多餘的甘
皮。若將刀尖直立,恐會剪傷甘
皮,因此請特別留意。

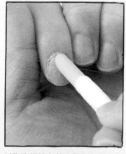

以陶瓷推棒在甘皮周圍輕柔地拋
磨甲面。輕輕磨至表面拋霧的程
度即可,若修磨過度,可能會造
成真甲變薄的原因。

5 以粉塵刷進行掃除

以粉塵刷將銼磨的碎屑掃除乾
淨。若不處理殘留碎屑,將會造
成凝膠容易裂開的原因。

7 將真甲塗上底層凝膠

將甲根處的真甲部分仔細地塗刷上底層凝膠。為了避免與已
塗凝膠的部分產生高低差,請將甲根處稍微塗得厚一點。

消除分界線
的高低差

8 整體塗上底層凝膠

將指甲整體塗刷上底層凝膠。連指尖
處也確實塗刷,並使其硬化。

9 塗刷彩色凝膠

將彩色凝膠塗刷於整體 & 使其硬化後,
塗刷上層凝膠,再使其硬化。最後再拭
除未硬化凝膠,完成!

完成度檢查重點

◇ 分界線的差距不明顯。
◇ 無色斑產生。
◇ 無甘皮等物出現。

Front

Side

何謂裂開修復?

意指將剝離(裂開)的凝膠部
分削除刮掉之後,再重新塗上
凝膠的補缺方法。

Lift up

指甲的疑難雜症

進行凝膠指甲前，請務必先確認指甲的健康狀態，再進行塗刷。視情況而定，有可能必須先暫停進行凝膠指甲。指甲可說是健康的變化指標，諸如生病等身體不適的情況，也可能是造成指甲病變的原因。必要時，請前往醫院就醫。

出現縱紋

請多加留意保濕！

出現於指甲表面的縱紋，主要是因為老化與乾燥所造成。不妨使用指緣乳霜或指緣滋養油，確實將指甲進行保濕，以預防乾燥。

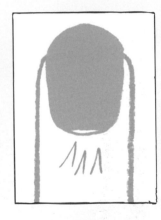

肉刺情況嚴重

於肉刺處進行保濕，肉刺則進行修剪。

肉刺是因為指甲周圍皮膚過於乾燥所致。絕對嚴禁強行拔除！可使用甘皮剪來修剪，並確實地進行保濕，以預防乾燥。

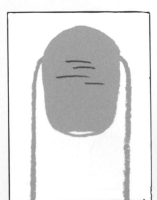

出現橫紋

建議重新檢視生活習慣

指甲上出現橫溝的狀況，主要原因是營養不良引起。不妨重新檢視生活飲食，並確實地攝取營養。有時也會因外傷導致產生指甲病變。如有必要，請前往醫院接受治療。

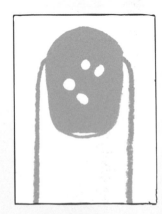

出現白點

這是自然產生的現象，不必在意也OK！

指甲上出現的白色點狀物，會隨著指甲的增長而消失不見，因此並不需要太過擔心。倘若白點變大，或不容易消除時，則建議前往醫院接受診療較為妥當。

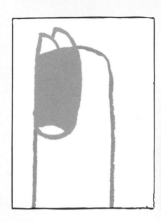

兩層指甲

乾燥為其成因，
因此千萬不要忘記
每日的保濕工作。

指甲是由三層構造形成，而形成
兩層甲的病變，乾燥則是主要
的原因。若想養護出堅固且健康
的指甲，保濕是首要的工作。另
外，一旦形成兩層指甲的狀況，
建議以海綿拋棒等工具進行修
整，請避免扯斷指甲。

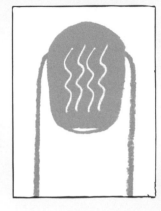

指甲變薄・變軟

請暫停進行凝膠指甲，
僅塗刷基礎護甲油
來保護指甲。

指甲變薄的病變，就是指甲受損
的證據。因卸除凝膠指甲時，或
許會不慎修磨至真甲。此時建議
暫不進行凝膠指甲，並藉由暫時
的補強，塗刷基礎護甲油來保護
指甲較為妥當。

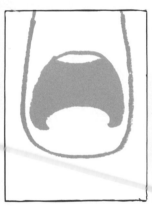

捲甲症

足部指甲較易發生

穿著窄小或鞋頭較尖的鞋子，或
足部指甲修剪得太短的情況，都
是造成捲甲症的主要原因。如果
病症太嚴重，建議先前往醫院接
受診療較為妥當。

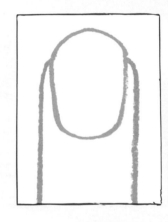

指甲發白

代表含水量多＆
指甲柔軟

指甲發白的毛病，是因為含水量
較多，指甲變得較為柔軟的緣
故。雖然沒有特別預防的方法，
但若發白的症狀一直持續而未改
善時，建議先前往醫院接受診療
較為妥當。

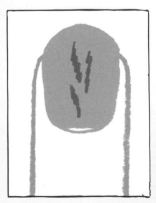

指甲呈綠色

綠指甲症候群

在進行凝膠指甲時，水分會從已
經剝離的指甲縫中跑進去，導致
發霉的情況發生。倘若發現指甲
發霉，請停止進行凝膠指甲，使
其暫時保持乾燥才是上策。

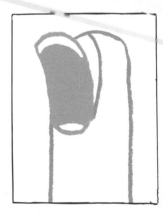

指甲剝落

乾燥＆營養不足
為主要原因

建議每天勤奮地以指緣滋養油進
行保濕，並多加留意攝取均衡的
飲食。因也可能是指甲剝離症的
疑慮，若無法改善時，請務必至
醫院接受治療。

Q & A

在此，我將自己進行光療指甲時出現的疑問，與該如何處理才好的煩惱等，試著作一個總整理。為了能長期享受美麗的凝膠指甲樂趣，請務必事先熟悉基礎知識＆正確的流程技巧。光療指甲DIY？各種疑難雜症就在這裡徹底解決吧！

Q 凝膠指甲與
指甲油的不同處為何？

A 指甲油可以使用
去光水進行卸除。

由於凝膠指甲是照射專用的光療燈使其硬化，因此並不需要等候乾燥的時間。卸除則以專用的溶液使其浮起後，即可去除。若想在凝膠上方再塗刷指甲油也OK。雖然等待指甲油乾燥需要耗費時間，但只要以去光水即可簡單卸除。指甲油有時也稱為指甲亮光漆。

Q 凝膠表面產生泡泡
是什麼原因呢？

A 因為在混合凝膠時，
手勢太過強勁所致！

之所以會產生泡泡（氣泡），是因為在混合彩色凝膠期間，手勢力道較強的緣故。另外，也許是因為在重複塗刷時，空氣進入所致。因此硬化之前請務必確認表面，若有泡泡產生時，建議先以木推棒等工具來戳破泡泡。

Q 凝膠指甲怕水嗎？

A 接觸水的工作較多時，
可能會導致維持度變差。

凝膠指甲基本上可保持2至3週美麗的狀態，倘若接觸水的機會較多，指甲或皮膚就會變得過於乾燥，導致凝膠指甲浮起剝離，而造成維持度變差的情況發生。碰水工作較多的人，更應該徹底地進行保濕。

Q 無論如何補救，凝膠指甲
就是會快速剝落。

A 請重新檢視
前置準備工作！

能夠左右凝膠維持度好壞的關鍵，前置準備可說是一道至關重要的程序。諸如沒有徹底完成拋磨甲面，或指甲表面的油分與水分殘留，都是導致凝膠指甲容易剝離的原因。

Q 以UV光療燈照射，
不會曬傷（曬黑）手嗎？

A 並不會造成手部曬黑的
問題，請安心使用。

紫外線分有A波與B波，而凝膠指甲所使用的UV光療燈中，並不含有曬傷成分的B波，因此並不會造成手部曬黑的問題。如果還是擔心，戴上市售的露指手套來照射光療燈，亦是不錯的解決方法。

Q 若在中途
彩繪失敗？

A 在以光療燈進行
硬化之前，仍有
重新彩繪的機會。

照燈硬化之前，凝膠指甲不管塗
刷幾次都可以。失敗的指甲彩
繪，只要以木推棒靠近去除，即
可完美地重新塗刷。

Q 無法順利地呈現出
凝膠指甲的光澤感

A 因為硬化時間不足，
或擦拭清除得不夠乾淨。

依據使用品牌的不同，凝膠指甲的硬化時間
也會有所差異。光澤無法美麗呈現時，請試
著再次確認硬化時間。未硬化凝膠沒有徹底
地清除乾淨，也是導致問題的原因之一。完
全呈現霧面時，可塗上一層薄薄的上層凝
膠，試著進行再度硬化＆擦拭清除的步驟。

Q 手指放入光療燈內照射時，
為什麼會感覺到灼熱感？

A 可能是因為指甲受傷，
或硬化熱的緣故。

當真甲變薄，或處於損傷的狀態下，在照射
光療燈進行硬化的期間，很有可能會感覺到
灼熱感。遇到這種情形時，請千萬不要忍
耐，不妨先將手由光療燈中移出，暫停照燈
數秒的時間。藉由重複此一動作，即可不再
感覺到灼熱而解決問題。另外，若凝膠塗得
太厚，也有可能會發生凝膠特有的硬化熱症
狀，而感覺到灼熱感。

Q 色素不會沉澱在
指甲上嗎？

A 為免此狀況，請確實地
塗刷底層凝膠。

只要確實地塗刷底層凝膠，就不必擔心
色素沉澱的問題。如果沒有塗刷底層凝
膠，而直接塗上深色凝膠，就會立即產
生色素沉澱，導致指甲的顏色完全改
變。底層凝膠除了有助於凝膠的維持
度，也扮演著預防色素沉澱的重要功
能，因此請確實地進行塗刷。

Q 凝膠沒有
完全硬化。

THE BEST!

A 因為凝膠的用量太多，
且沒有徹底照射
光療燈所致。

如果一次塗刷凝膠的量太多，就有可能無法
完全硬化。凝膠在指甲表面均勻且薄薄地塗
上一層即可，若想呈現較深的顯色時，請重
複塗刷二至三次，感覺色調出現即可。另
外，如果沒有確實照射光療燈，當然就不會
凝固硬化，請注意讓指甲確實照射燈光＆確
認硬化的時間。

Q 重複進行修補
也沒關係嗎？

A 一直持續修補，
有可能△。

重複進行修補雖然並非完全NG，但
定期進行全面性卸除凝膠的方式，則
比較衛生。當指甲裂開的時候，水或
雜菌會跑進指甲中，也有可能會造成
綠指甲症候群。因此建議每兩個月進
行一次全面性的凝膠卸除工作，再重
新更換上新的凝膠。

Q 分不清UV與
LED光療燈的不同處。

A LED光療燈屬於半永久性
耗材，不必更換燈管！

與必須經常更換燈管的UV光療燈不
同，LED光療燈屬於半永久性耗材，且
不必更換燈管。能量不但安定，硬化時
間也較為快速，但由於部分凝膠品牌無
法使用LED光療燈，因此請務必多加留
意。UV光療燈則大多數的凝膠都能適
用，而且價格也較為親民。

Q 裂開剝離的凝膠
可以自行剝除嗎？

A 絕對不可以
剝下來！

指甲是由三層組織形成的構造，一旦強行
將凝膠剝除，指甲也會一併被剝下來，並
且導致指甲變薄的情形產生。就算凝膠裂
開剝離，而打算剝除時，也請務必使用專
用溶液使其確實剝離開來，再進行剝除作
業。卸除凝膠之後，建議多費心塗刷基礎
護甲油來保護指甲，並進行保濕。

美甲工具的使用重點

好不容易才備齊的光療指甲DIY工具請珍惜使用唷！無論是溶液或刀刃工具、小型的美甲飾品……一旦疏於管理，都可能導致指甲問題的產生。多加留意細節＆衛生習慣的保持，就能更加安全地享受光療指甲的DIY樂趣。

Beauty Care

光療指甲的DIY工具，請保持清潔！

微生物一旦繁殖，就會導致有害指甲健康的黴菌或其他病因產生。建議定期以吸附消毒酒精的卸甲棉等，擦拭美甲工具。

UV光療燈的瓦數非常重要！

CHECK!

UV光療燈會因品牌不同，而造成適用的燈管瓦數有所差異。由於瓦數不同，硬化時間也會隨之改變；若改換成錯誤的光療燈，也可能導致甲膠難以硬化，產生一些非預期的困擾。因此請於購買前，先確認瓦數。UV光療燈管一般為18W至36W，迷你光療燈則有9W的燈款。

檢查凝膠的存放場所！

CHECK!

如果間隔許久才再次使用凝膠，可能會發現凝膠已經完全凝固了，顏色也完全改變了……凝膠一旦產生變化，請重新確認存放的場所。凝膠應避開陽光直射處，存放在陰涼處最為適合。

凝膠的瓶蓋請保持緊閉！

凝膠如同其名，是具有相當黏稠度的黏性物質。如果沒有確實關緊瓶蓋，凝膠就會從縫隙中漏出來，漸漸變得又黏又稠……因此每次使用完畢後，請以消毒酒精將瓶蓋邊緣擦拭乾淨。

使用過的彩繪筆
請擦拭乾淨後,
罩上筆套存放。

使用過的彩繪筆,建議先以廚
房紙巾將筆刷上的凝膠擦拭乾
淨後,再確實地罩上筆套存
放。如果沒有罩上筆套,且又
直接在沾附凝膠的狀態下存
放,會導致筆刷完全乾燥&凝
固,造成彩繪筆損壞,完全無
法再次使用的後果。

會直接接觸皮膚的工具,
請清潔後再存放。

甘皮剪或金屬推
棒,請於使用完畢
後,以消毒酒精等
確實消毒後,再進
行存放。

剩餘的
原創彩膠,
也可以進行存放。

混合過量的原創彩
膠,大約可保存一個
月左右的時間。請避
免陽光直射,存封於
陰涼處,或裝入有瓶
蓋的罐子裡保存。

美甲飾品若事先放入收納
盒裡,會更方便好用。

如水晶貼鑽或雷射亮片等,小小的美
甲飾品若能事先分別裝入收納盒裡,
無論使用上或保管上都非常方便!可
疊式收納盒不佔空間,相當推薦使
用。

IN A CASE

指甲磨棒的磨砂顆粒消失,
就是應該更換的訊號。

磨砂棒或拋棒雖然可以長時間使用,
卻無法明確知道更換的正確時期。在
此提供你更換的標準——當磨砂顆粒
消失,變得不易修磨時,就是可以更
換新品的時機。若磨砂顆粒已完全消
失還繼續使用,除了當然無法進行修
磨之外,為了達到效果而施力過度,
恐有造成磨傷指甲之虞。

SIGNAL

請多加留意卸甲液的
保存方法!

卸甲液的成分多半為
丙酮。由於丙酮具有
揮發性,因此一旦沒
有緊閉保存,就會使
卸甲液完全蒸發減
少。建議選用瓶蓋能
確實緊閉的玻璃製或
塑膠製容器來加以妥
善保管。

用語集

此篇是以本書中出現的用語為主，來進行介紹。當不明白的用語出現時，不妨試著利用本頁的名詞說明來進行確認。凝膠指甲有許許多多的專門用語，也有與指甲彩繪通用的用語，因此先熟記起來為佳。

美甲飾品（Art parts）

意指進行凝膠指甲彩繪時所使用的裝飾小工具。包含雷射亮片、鉚釘、貝殼片等素材，或形狀與色彩琳瑯滿目的小飾品。

壓克力顏料（ACRYL COLORS）

以壓克力樹脂製作的顏料，可於進行指甲彩繪時搭配細筆使用，適合用來描繪纖細的花樣。

丙酮（Acetone）

卸除凝膠指甲或人造甲片時所使用的溶液，又稱為卸甲液。由於容易造成指甲與皮膚的乾燥，因此使用後請務必進行保濕護理。

甘皮（Cuticle）

位於皮膚與指甲分界處的一層薄薄的皮膚。雖然扮演著保護新生指甲的功能，但多餘的甘皮也必需進行護理修剪。

游離緣（Yellow Line）

意指真甲的尖端到甲床的分界部分。請勿將指甲修剪得比游離緣還要短。

磨砂棒（Emery Board）

用於修磨指甲的一種指甲磨棒，於修整真甲的長度或形狀時使用。顆粒係數大約為180至240G左右。

彩色凝膠（Color Gel）

意指帶有色彩的凝膠。可添加亮蔥粉，或具有珠光感之物等，有各式各樣的類型。

暫時硬化（仮硬化）

意指在塗刷凝膠指甲時，於中途先行硬化一事。只要多了這一道工續，就不必擔心凝膠會流到皮膚上了。

指緣滋養油（Cuticle Oil）

塗於指甲＆指甲的周圍部分，為預防乾燥的指甲專用滋養油。亦可搭配養護健康指甲的專用營養成分等來使用。

甘皮剪（Cuticle Nipper）

意指進行指甲護理時，將甘皮往上推除後，修剪甲上皮角質或肉刺的指甲護理專用剪。

漸層（gradation）

彩繪技巧之一，意指賦予顏色深淺層次的彩繪。

透明凝膠（Clear Gel）

有時會將底層凝膠稱為透明凝膠。

磨砂顆粒（Grit）

表示指甲磨棒顆粒粗細的單位。係數越小代表網目越粗，對於真甲而言，一般是使用180至240G的指甲磨棒。

硬化

意指使凝膠指甲照光進行凝固的程序。依據凝膠種類、瓦數或光療燈款式的不同，硬化時間也會有所差異。

拋磨甲面（Sanding）

在黏接人造指甲或進行凝膠指甲之前，為了有助於增加密合度，因而對真甲的表面進行磨平拋霧。

凝膠清潔液（Gel Cleaner）

上層凝膠照燈硬化之後，拭除未硬化凝膠的專用液體。

指甲拋光棒（Shiner）

只要將指甲拋磨，即可消除指甲表面的縱紋，使指甲變得光澤亮麗的指甲磨棒。光澤可以維持1至2個月。

去除水分＆油分

以酒精或平衡劑（Preprimer）等，去除指甲上的油分＆水分的程序。是在塗刷凝膠指甲時的一道必備流程。

負荷點（Stress Point）

意指游離緣連接側甲溝（side line）的接合點，也是容易導致指甲龜裂的部分。

美甲攪棒（Gel Spatula）

攪拌＆沾取凝膠時使用的一種棒狀工具，以木推棒或牙籤等物來代替也OK。

甲面整平（Self leveling）

為凝膠特有的性質。在塗抹凝膠後，只要等待數秒的時間，凝膠就會自行擴散開來，自然而然地使指甲表面呈現平滑的狀態。

可卸式光療凝膠（Soak-Off Gel）

意指可以使用專用溶劑進行卸除的凝膠，即便是初學者，亦可輕鬆使用。無法以溶劑卸除的則是不可卸式光療凝膠（Hard Gel）。

粉塵（Dust）

意指削磨指甲時產生的老廢角質。

粉塵刷（Dust Brush）

掃除塵屑時使用的刷具。

上層凝膠（Top Gel）

意指塗抹於彩色凝膠之後的透明凝膠，可使完成效果呈現光澤感，但最近也有霧面加工的凝膠。

乾燥護理（Dry Care）

不經過溫水泡軟甘皮，直接進行甘皮處理，稱之為乾燥護理。由於凝膠與水的相容性不佳，因此施行此種護理方式。

天然指甲（Natural Nail）

即所謂的真甲。

指甲護理（Nail Care）

意指指甲的長度或形狀的調整、甘皮的處理等，指甲＆指尖處的護理。

甲床（Nail Bed）

與指甲板緊密接合的皮膚，即看起來呈現粉紅色的部分。此處與指甲板僅是緊密接合，實際上並沒有黏在一起。

甲母質（Nail Matrix）

位於指甲的生長根部，掌管指甲的育成與成長，內有神經與血管流通，即便在指甲之中，也是最為重要的部分。

不可卸式光療凝膠（Hard Gel）

意指具有強度，且可以延長指甲長度的光療凝膠指甲。雖然大多是以指甲磨棒削除，來進行卸除的工作，但依據品牌的不同，有時也可以使用專用的溶劑進行卸除。

指甲半月（Half Moon）

意指指甲根部看起來呈現半月形的乳白色部分。是指甲之中含水量最多處。

拋光（Buffing）

以海棉拋棒或指甲拋光棒，銼磨指甲的表面。建議以一個月一次的規律為標準來進行。

泡泡（Bubble）

意指用力混合凝膠時所產生的氣泡。為了避免產生氣泡，建議輕輕地進行攪拌即可。

甲下皮角質（Burr）

意指附著於指甲分界處的皮膚角質，在進行前置準備處理時，突出來的不要老廢角質。

修磨銼平（Filing）

以指甲拋棒削除真甲或碎片（chip）、人工甲片，及修磨指甲長度＆形狀的動作。於真甲上則適合使用磨砂棒。

往上推（Push Up）

意指將指甲周圍的甘皮往上推除。

平面指甲彩繪（Flat Art）

甲油彩繪＆美甲貼彩繪（Seal Art）等平面式的指甲彩繪總稱。

指甲前緣（Free Edge）

即所謂的指甲前端，看起來為白色延伸的部分。

前置準備工作（preparation）

在進行凝膠指甲之前，為了有助於凝膠密合度而採行的事前準備。是左右凝膠維持度的一道重要程序。

平衡劑（Preprimer）

用以去除指甲全體的油分＆水分，或調整PH值的平衡溶液。有助於真甲與凝膠的密合度，以消毒酒精代替也OK。

底層凝膠（Base Gel）

作為第一道工序的基底透明凝膠，可用來提高與真甲之間的密合度。

未硬化凝膠

意指凝膠指甲照燈硬化後，仍無法凝固的凝膠。但有時也未必會產生未硬化凝膠。

金屬推棒（Metal Pusher）

將甘皮或甲上皮角質往上推除的金屬製美甲工具。若使用起來不順手，將木推棒包捲一層薄薄的卸甲棉來代用也OK。

UV光療燈（UV Light）

使用紫外線，專為凝固凝膠的光療燈。最近也有LED光療燈的商品出現。

圓形（Round）

指甲的形狀，以前緣稍微平坦，呈現出天然且自然的形狀為其特徵。

裂開剝離（Lift）

凝膠指甲會隨著時間的經過，由真甲上脫離裂開，或出現完全剝離的狀態。

甲上皮角質（死皮）
Loose Cuticle（Loose skin）

意指由指緣下方生長出來的薄層皮膚。若不將此去除，可能會造成凝膠裂開剝離的情況發生。

指甲擦拭棉（Nail Wipes）

浸泡消毒酒精後，去除指甲的水分＆油分時使用。大部分屬於不起毛材質的擦拭棉。

virth +LIM

バースプラスリム
東京都港区南青山3-7-16 キラキラビル3F
http://www.lessismore.co.jp/virth

Nailists are...

酒井祐美子

樋口祐子

山口真智子

桑原里佳

里深紗佑里

Cover & The short story nail...

Cover & P.7

將指甲整體塗上裸膚色後，以灰色
＆橘色繪製變形法式指彩＆點點圖
案，以白色繪製天鵝的身體，再以
壓克力顏料描繪樹木＆天鵝的臉部
表情，並以銀色亮蔥粉勾勒出點點
圖案。

P.6

將指甲整體塗上粉紅色，並以黃色
＆白色繪製點點圖案。以壓克力顏
料描繪彩旗，並以金色的亮蔥粉畫
出線條。再均衡地配置各式各樣的
亮片、鉚釘、水鑽等飾品。

126

Staff

插圖	オガワナホ　小林沙織
設計	小林沙織
模特兒	齋木ひかる　長澤志保
攝影	松岡一哲／Cover、P.2-7、P.64-67、P.70-73、P.78-81、P.84-87、P.92-95、P.98-101
	柴田愛子（STUDIO DUNK）
造型	高山エリ
髪型	坂入小百合　小杉かえ　竹中佑衣（Dot+LIM）
美睫師	岡本優美　萩原瑞秀（virth+LIM）
編集	青木奈保子（STUDIO PORIC）　山田悟史

＜服装・小物協力＞

P1-7、P66-67、P86-87、P92-95

galerie doux dimanche　渋谷区神宮前3-5-6

＜攝影協力＞

AWABEES　渋谷区千駄ヶ谷3-50-11　明星ビルディング5階

AMBIDEX　渋谷区元代々木町23-8

UTSUWA　渋谷区千駄ヶ谷3-50-11　明星ビルディング1階

（バースプラスリム）

位於南青山的美甲＆美睫沙龍。
於短指甲上進行彩繪創作，兼顧休閒又有個性的設計大獲好評，
深受追求日常生活中的時尚指彩的女孩們支持。
屢次獲邀各大雜誌、書籍、電視頻道熱烈介紹。
http://www.lessismore.co.jp/virth

Fashion guide 美妝書 09

初學就上手！
自然・可愛の短指甲凝膠彩繪DIY

作　　者／virth＋LIM

譯　　者／彭小玲

發 行 人／詹慶和

總 編 輯／蔡麗玲

執行編輯／陳姿伶

編　　輯／蔡毓玲・劉蕙寧・黃璟安・李佳穎・李宛真

執行美編／韓欣恬

美術編輯／陳麗娜・周盈汝

出版者／雅書堂文化事業有限公司
郵政劃撥帳號／18225950
戶名／雅書堂文化事業有限公司
地址／新北市板橋區板新路206號3樓
電子信箱／elegant.books@msa.hinet.net
電話／(02)8952-4078
傳真／(02)8952-4084

2017年12月初版一刷　定價 320 元

GELNAIL NO KIHON TO TECHNIQUE GA ISSATSU DE
WAKARU SHORT NAIL RECIPE
Copyright © 2014 by virth＋LIM
First published in Japan in 2014 by IKEDA Publishing
Co., Ltd.
Traditional Chinese translation rights arranged with PHP
Institute, Inc.
through Keio Cultural Enterprise Co., Ltd.

國家圖書館出版品預行編目資料

初學就上手！自然・可愛の短指甲凝膠彩繪DIY / virth
＋LIM著. 彭小玲譯
-- 初版. -- 新北市：雅書堂文化, 2017.12
　面；　公分. -- (Fashion guide美妝書；09)
ISBN 978-986-302-399-9(平裝)

1.指甲 2.美容

425.6　　　　　　　　　　　　　　106021514

經銷／易可數位行銷股份有限公司
地址／新北市新店區寶橋路235巷6弄3號5樓
電話／(02)8911-0825
傳真／(02)8911-0801